FORSCHUNGSBERICHTE DES LANDES NORDRHEIN-WESTFALEN
Nr. 2379

Herausgegeben im Auftrage des Ministerpräsidenten Heinz Kühn
vom Minister für Wissenschaft und Forschung Johannes Rau

Bernd Lammers
Hans Schlüter

Ruhr-Universität Bochum,
Institut für Experimentalphysik, Lehrstuhl II

# Resonante Wechselwirkung elektromagnetischer Wellen mit ionisierter Materie

- Untersuchungen zur unteren Hybrid-Resonanz -

Springer Fachmedien Wiesbaden GmbH 1973

ISBN 978-3-531-02379-3     ISBN 978-3-663-20442-8 (eBook)
DOI 10.1007/978-3-663-20442-8

© 1973 by Springer Fachmedien Wiesbaden

Ursprünglich erschienen bei Westdeutscher Verlag, Opladen 1973

Gesamtherstellung: Westdeutscher Verlag

Inhaltsverzeichnis

|  | Seite |
|---|---|
| A Vorwort | 1 |
| B Grundeigenschaften der unteren Hybrid-Resonanz | 3 |
|    1. Resonanzfrequenzen | 3 |
|    2. Teilchenbahnen | 4 |
|    3. Brechungsindizes | 5 |
|    4. Energiefluß | 8 |
|    5. Geometrische Resonanzen | 9 |
|    6. Ionenkonzentrationen | 11 |
|    7. Plasmasäulen endlicher Länge | 12 |
| C Temperatureinfluß | 14 |
| D Messungen mit magnetischem Spiegelfeld | 17 |
|    1. Experimenteller Aufbau | 18 |
|       a) Sender | 18 |
|       b) Entladungsgefäß mit Vakuumapparatur und Gaseinlaßsystem | 18 |
|       c) Magnetspulensystem | 20 |
|       d) Mikrowelleninterferometer | 20 |
|    2. Ergebnisse | 21 |
|       a) Lastwiderstände bei verschiedenen Elektronendichten | 21 |
|       b) Lastwiderstände bei Wasserstoff-Deuterium-Gemischen | 22 |
| E Messungen im homogenen Magnetfeld | 24 |
|    1. Apparative Veränderungen | 24 |
|       a) Sender | 24 |
|       b) Entladungsgefäß mit Vakuumapparatur und Gaseinlaßsystem | 24 |
|       c) Magnetspulensystem | 25 |
|       d) Mikrowelleninterferometer | 25 |
|    2. Ergebnisse | 25 |
| F Zusammenfassung | 26 |
| G Literaturverzeichnis | 28 |
| H Bildanhang | 29 |

# A Vorwort

Zum Verständnis von Plasmen tragen Untersuchungen der Wellenfortpflanzung wesentlich bei. Charakteristische Frequenzen treten auf, bei denen die Wechselwirkung zwischen Welle und Plasma besonders stark wird. Der Vergleich von Experiment und Theorie bei diesen Resonanzstellen gibt die Möglichkeit, Einsicht in die physikalischen Vorgänge in Plasmen zu gewinnen und die verschiedenen Modelle der theoretischen Beschreibung zu vergleichen.

Wie in allen physikalischen Systemen ist bei Plasmen denjenigen Resonanzen eine besondere Bedeutung beizumessen, die mit den Grundschwingungstypen verbunden sind. Bei Welleneinfall senkrecht zu einem statischen Magnetfeld stellt sich die untere Hybrid-Resonanz als eine solche fundamentale Schwingung heraus; im folgenden ist hauptsächlich diese Resonanz behandelt.

Schon bei der Beschreibung eines einfachen mechanischen Analogons des magnetisierten Plasmas tritt diese Resonanz auf. Werden Ion und Elektron als starre Kugeln dargestellt und die Wechselwirkungen der Teilchen über die elektromagnetischen Kräfte durch Federn mit geeignet gewählten Federkonstanten ersetzt, so erhält man eine zwischen zwei festen Wänden gespannte lineare Federkette. Die Feder zwischen dem jeweiligen Teilchen und der Wand entspricht der wirkenden Lorentzkraft, während die Feder zwischen den Teilchen die Wirkung der elektrostatischen Kraft wiedergibt. Die Grundschwingung dieser Federkette ist der unteren Hybrid-Resonanz analog. Die erste Oberschwingung entspricht der oberen Hybrid-Resonanz. Das Kettenmodell bringt klar den wesentlichen Punkt heraus, der auch in detaillierten theoretischen Beschreibungen von Magnetoplasmen enthalten ist: Resonanzverhalten bei den Zyklotronfrequenzen ist im allgemeinen nicht zu erwarten, da Resonanzschwingung einseitig einer

Teilchensorte zu hindernden Raumladungseffekten führt; sind diese voll wirksam, muß Resonanz bei einer Frequenz - der unteren Hybrid-Frequenz - erwartet werden, bei der beide Teilchenarten, Ionen und Elektronen, weitgehend gemeinsam schwingen und Raumladungseffekte nicht mehr hemmend wirken. Andererseits kann gegenläufiges Verhalten der beiden Teilchenarten und folglich relativ starke Ausbildung der elektrostatischen Kopplung zur Resonanz führen, wenn die Eigenfrequenz gerade dieser Kopplung, die Plasmafrequenz, angesprochen wird. Im letzteren Fall handelt es sich um die obere Hybrid-Resonanz, bei der die Elektronen wegen ihrer geringen Trägheit besonders stark angeregt werden. Sie soll hier nicht weiter betrachtet werden zugunsten der unteren Hybrid-Resonanz, die beide Teilchenarten - also auch die Ionen - zu starken Schwingungen anregt.

Bei dem fundamentalen Charakter der Hybrid-Resonanzen, insbesondere der unteren Hybrid-Resonanz, ist ihre wichtige Rolle in fast allen Gebieten der Plasmaphysik nicht überraschend. Erwähnt sei ihre Bedeutung bei ionosphärischen Plasmen, bei der Dämpfung von Stoßwellen und natürlich vor allem bei der Erzeugung und Aufheizung von Plasmen. Diese Resonanzen treten analog auch in der Festkörperphysik auf.

Nachdem die Hybrid-Resonanzen trotz der aufgezeigten grundlegenden Bedeutung zunächst wenig untersucht worden sind, haben sie in den letzten Jahren sehr stark an Interesse gewonnen. Zahlreiche Aspekte sind freilich noch ungeklärt. Diese Studie betont theoretische und experimentelle Gesichtspunkte, die bei praktischer Anwendung der unteren Hybrid-Resonanz besonders wichtig sind.

## B  Grundeigenschaften der unteren Hybrid-Resonanz

Schon sehr früh bestand Interesse an der Ausbreitung linkszirkular polarisierter elektromagnetischer Wellen längs eines statischen Magnetfeldes. Diese Wellen zeigen bei der Ionenzyklotronfrequenz eine Resonanz und sollten daher zur Ionenheizung geeignet sein. Ändert man die Ausbreitungsrichtung der Welle bis zum Einfall senkrecht zum Magnetfeld, so geht dieser Wellentyp in eine elliptisch polarisierte Welle über, die ihre Resonanzstelle bei der unteren Hybrid-Resonanz hat. Die Existenz der unteren Hybrid-Resonanz wurde unabhängig von Hines (1) und Körper (2) 1957 nach theoretischen Überlegungen vermutet. Eine ausführliche theoretische Behandlung führten Auer, Hurwitz und Miller (3) durch. Die experimentelle Bestätigung der Existenz dieser Resonanz gelang 1960 H. Schlüter (4). Der Nachweis für ihr Auftreten in der Ionosphäre gelang der 'Alouette'-Gruppe (6). Der experimentelle Nachweis wurde ausgebaut durch Ransom und Schlüter (5,8).

### 1. Resonanzfrequenzen

Senkrecht zum statischen Magnetfeld können sich zwei Typen elektromagnetischer Wellen ausbreiten, die ordentliche und die außerordentliche Mode. Die ordentliche Mode (Eccles-Mode) breitet sich als linear polarisierte Welle unbeeinflußt vom statischen Magnetfeld aus, da ihr elektrisches Wechselfeld parallel zum Magnetfeld liegt. Sie zeigt keine Resonanzstelle, sondern nur einen cut-off bei der Elektronenplasmafrequenz.
Die außerordentliche Mode besitzt kein elektrisches Feld in Richtung des Magnetfeldes; sie ist eine elliptisch polarisierte Welle, die an zwei Stellen zur Resonanz kommt: bei der unteren Hybrid-Resonanz $\omega_{LH}$ und der oberen Hybrid-Resonanz $\omega_{UH}$. Sind $\Omega_e$ und $\Omega_i$ die Zyklotronfrequenzen für Elektronen und Ionen, so ist die Lage dieser Resonanzen gegeben durch:

$$(1) \quad \omega_{LH}^2 = \Omega_i \Omega_e \frac{\Omega_i \Omega_e + \omega_{pe}^2}{\Omega_e^2 + \omega_{pe}^2}$$

(2) $\quad \omega_{UH}^2 = \Omega_e^2 + \omega_{pe}^2$

Hierbei ist $\omega_{pe}$ die Elektronenplasmafrequenz.
Bei dünnen Plasmen, $\omega_{pe}^2 < \Omega_e^2$, treten also auch in diesen Fällen die Zyklotronfrequenzen als Resonanzfrequenzen auf. Mit steigender Dichte erhöhen sich in Folge der verstärkten elektrostatischen Wechselwirkung die Resonanzfrequenzen. Während die obere Hybrid-Frequenz in $\omega_{pe}$ übergeht, erreicht die untere Hybrid-Resonanz einen Sättigungswert beim geometrischen Mittel der beiden Zyklotronfrequenzen; dies tritt ein für $\omega_{pe}^2 > \Omega_e^2$, was bei Dichten von praktischem Interesse in der Regel der Fall ist. Daher soll auch im folgenden die untere Hybrid-Resonanz hauptsächlich beim geometrischen Mittel $\sqrt{\Omega_i \Omega_e}$ betrachtet werden.

Bei der hochfrequenten oberen Hybrid-Resonanz sind die Ionen geringfügig an der Wechselwirkung mit der Welle beteiligt. Auf diese Resonanz soll - wie erwähnt - hier nicht weiter eingegangen werden. Anders sind die Verhältnisse für die untere Hybrid-Resonanz, bei der Ionen und Elektronen gleichermaßen mit der Welle wechselwirken. Dies ergibt Möglichkeiten auch für Ionenheizung.

2. Teilchenbahnen

Das eingangs beschriebene Kettenmodell gibt - außer den Resonanzfrequenzen - die Projektion der Bewegung von Ionen und Elektronen auf die Richtung des Wellenvektors $\underline{k}$ korrekt wieder. Außer den wichtigen Bewegungsabläufen in Richtung $\underline{k}$ liegen jedoch noch Schwingungen in x-Richtung vor, d. h. senkrecht zur Richtung von $\underline{k}$ und zur Richtung des statischen Magnetfeldes $B_o$. Abb. 1 zeigt Teilchenbahnen, wie sie sich bei einem elektrischen Wechselfeld in Richtung $\underline{k}$ (im Einzelteilchenbild nach langsamem Anschwingen) ergeben. Die Wellenfrequenz $\omega$ liegt nahe $\sqrt{\Omega_i \Omega_e}$. Wenn $\omega$ gleich diesem Wert wird, bewegen sich Ionen und Elektronen praktisch zusammen in bezug auf die Richtung von $\underline{k}$. Die Lorentz-

kraft ergibt jedoch Auslenkung in x-Richtung, die bei
den Elektronen wegen ihrer geringen Trägheit große
Amplituden erreicht. Die Elektronenbewegung kann in x-
Richtung als E x B-Drift, in k-Richtung als Polarisationsdrift beschrieben werden. Makroskopische Gleichungen - wie
sie noch angegeben werden - führen genau zu diesem Bewe-
gungsschema, d. h. für den praktisch interessierenden Fall
elektrostatischer Wechselwirkung bei $\omega_{pe}^2 > \Omega_e^2$. Jetzt liegt
freilich auch ein elektrisches Wechselfeld in x-Richtung
vor, wie man es bei Einstrahlung einer transversalen
elektromagnetischen Welle erwartet. Insgesamt ist die Welle
also - wie schon angegeben - im Plasma elliptisch polari-
siert. Die Feldkomponente in Richtung k wirkt allerdings
stark dominierend bei Annäherung an die Resonanz. Diese
Komponente ist elektrostatischer Natur und wird beeinflußt
durch die Rückwirkung (mittels Lorentzkraft) verschieden
großer Auslenkung von Ionen und Elektronen in x-Richtung.
Die Dominanz dieser Komponente des elektrischen Feldes
trotz praktisch gleicher Bewegung der Ionen und Elektronen
in k-Richtung zeigt, daß diese Resonanz sehr leicht elek-
trostatisch anregbar sein muß.

## 3. Brechungsindizes

Zur detaillierten Untersuchung der Vorgänge in der Umgebung
der unteren Hybrid-Resonanz ist die Kenntnis des quanti-
tativen Verhaltens des Brechungsindexes der außerordentlichen Welle in diesem Gebiet notwendig. Bei Vernachlässigung des Einflusses von Temperatureffekten wird üblicherweise die Bewegungsgleichung der j-ten Teilchensorte im
Plasma in folgender Form angesetzt:

(3) $\quad n_j m_j (\frac{\partial}{\partial t} \underline{v}_j + \underline{v}_j \cdot \nabla \underline{v}_j) = n_j q_j (\underline{E} + \underline{v}_j \times \underline{B}) + \sum_k{}' \underline{P}_{jk}$

Diese Bewegungsgleichung kann durch Momentenbildung aus der
Boltzmann-Vlasov-Gleichung oder durch direkte hydrodynamische
Überlegungen hergeleitet werden. Hier ist $\underline{P}_{jk}$ der durch
Stöße verursachte Impulsübertrag der k-ten Teilchensorte

an die j-ten Teilchensorte. Allgemein ist zu setzen:

(4) $\underline{P}_{jk} = \frac{\rho_j \rho_k}{\rho_j + \rho_k} \gamma_{jk} (\underline{v}_k - \underline{v}_j) = \rho_j \nu_{jk} (\underline{v}_k - \underline{v}_j)$

wobei $\nu_{jk}$ die Stoßfrequenz für Impulsübertrag ist. $\rho$ bezeichnet die Massendichte (7,8,9). Es läßt sich zeigen und durch numerische Auswertungen bestätigen, daß mit hoher Genauigkeit die Mitbewegung der Neutralteilchen vernachlässigt und der Beitrag der Elektronen-Ionen-Stöße vereinfacht werden kann (für $\nu_{ie}^2/\omega^2 \ll 1$). Nach Linearisierung und dem üblichen Ansatz der Zeitabhängigkeit der Störgrößen $\sim e^{-i\omega t}$ ergibt sich das vereinfachte System

(5) $-i\omega_j \underline{v}_j = \varepsilon_j \frac{e}{m_j} \underline{E} + \varepsilon_j \Omega_j \underline{v}_j \times \underline{e}_z$

wobei $\underline{e}_z$ der Einheitsvektor in Richtung des statischen Magnetfeldes $\underline{B}_o$ ist.

Es gilt:

(6) $\omega_j = \omega (1 + i \frac{\nu_{jn}}{\omega})$

(7) $\Omega_j = \frac{|e|B_o}{m_j}$ Zyklotronfrequenz

$\varepsilon_j = \begin{cases} -1 & \text{Elektronen} \\ +z & \text{z-fach geladene Ionen} \end{cases}$

Die für die Untersuchung der Wellenausbreitung benötigten zugehörigen Maxwellschen Gleichungen sind:

(8) $\nabla \times \underline{E} = i\omega \mu_o \underline{H}$

(9) $\nabla \times \underline{H} = -i\omega \varepsilon_o \underline{E} + e \sum_j \varepsilon_j N_j \vec{\underline{v}}_j$

Aus diesen angegebenen Grundgleichungen erhält man nach Einführung eines komplexen Dielektrizitätstensors $\underline{k}$ die Wellengleichung:

(10) $\nabla \times (\nabla \times \underline{E}) - k_o^2 \underline{\underline{k}} \cdot \underline{E} = 0$

Setzt man die Störung als ebene Welle an, so reduziert sich diese partielle Differentialgleichung auf ein lineares

Gleichungssystem, dessen charakteristische Gleichung unter der Voraussetzung, daß außerhalb des Plasmas das elektrische Wechselfeld senkrecht zum statischen Magnetfeld $\underline{B}_o$ verläuft und $\underline{k} \perp \underline{B}_o$, die Dispersionsrelation für die außerordentliche Welle ergibt:

$$(11) \quad n_{a.o.}^2 = \frac{(1-\sum_j A_j)^2 + (-i\sum_j \varepsilon_j \beta_j A_j)^2}{1 - \sum_j A_j} = \frac{k_{11}^2 + k_{12}^2}{k_{11}}$$

wobei

$$(12) \quad \beta_j = \frac{\Omega_j}{\omega_j} \quad , \quad A_j = \frac{\omega_{pj}^2}{\omega \omega_j (1-\beta_j^2)} \quad , \quad k_{ik} = \text{Elemente des Dielektrizitätstensors}$$

Zunächst seien Stöße vernachlässigt. Die so erhaltenen Brechungsindizes zeigen bei Variation der Plasmaparameter oder der Wellenfrequenz als ausgezeichnete Stellen zwei Nullstellen (cut-off) und zwei Pole (Resonanz). Die cut-off-Stellen liegen bei

$$\omega = \omega_{pe} \pm \frac{\Omega_e}{2} \quad \text{sofern } \omega_{pe}^2 \gg \Omega_e^2.$$ Zwischen einem cut-off und der zugehörigen Resonanz ist der Brechungsindex rein imaginär; d. h., die Welle kann sich nicht ausbreiten; eine einfallende Welle wird reflektiert. Bei Annäherung an die Polstellen

$$\omega_{LH}^2 = \Omega_i \Omega_e \frac{\Omega_i \Omega_e + \omega_{pe}^2}{\Omega_e^2 + \omega_{pe}^2}$$

und

$$\omega_{UH}^2 = \Omega_e^2 + \omega_{pe}^2$$

von der Seite der möglichen Wellenausbreitung nimmt der Brechungsindex große reelle Werte an. Hier beeinflußt das Plasma die Ausbreitung der Welle erheblich. Die Phasengeschwindigkeit geht gegen Null. Im Plasma entstehen starke Ströme, die ohne einen Verlustmechanismus unbegrenzt anwachsen.

Werden nunmehr Verluste durch Stöße zugelassen, so ändern
sich die Verhältnisse. Die Singularität des Brechungsindexes
wird aufgehoben. Im gesamten Gebiet ist der Brechungsindex
komplex. Sein Quadrat zeigt ein Resonanzverhalten typisch
für anomale Dispersionen (Abb. 2a). In der Umgebung der
früheren Singularität nehmen Real- und Imaginärteil des
Brechungsindexes $n = \frac{\omega}{c} k$ große Werte an (s. Abb. 2b). Für
$\sqrt{\Omega_i \Omega_e}/\omega < 1$ tritt starke Dämpfung auf. Bei der Resonanz
haben sowohl Realteil als auch Imaginärteil große Werte.
Es treten große Ströme auf, die eine gute Übertragung von
Wellenenergie an das Plasma bewirken.

Rechts der Resonanz wird die Welle zwar verlangsamt, wegen
der geringen Dämpfung ist aber in diesem Gebiet zunächst
nicht mit einer sehr starken Aufheizung des Plasmas zu
rechnen.

## 4. Energiefluß

Nachdem das Dispersionsverhalten der außerordentlichen
Welle in der Umgebung der unteren Hybrid-Resonanz bekannt
ist, erhält man durch Einsetzen der erhaltenen Dispersionsbeziehung in die Wellengleichung ein partielles Differential-
gleichungssystem für das elektrische Feld der Welle. Der Ansatz der Ortsabhängigkeit des Feldes als ebene Welle über-
führt dieses System in ein lineares Gleichungssystem. Aus
der Lösung für $\underline{E}$ und den Maxwellschen Gleichungen erhält man
$\underline{H}$, womit das gesamte Wechselfeld der Welle bekannt ist. Weiterhin geben die Bewegungsgleichungen mit bekanntem $\underline{E}$-Feld
lineare Gleichungen für die Geschwindigkeiten der Teilchen
unter dem Einfluß der Welle. Die Integration dieser Gleichungen ergibt die räumlichen Teilchenbahnen, wie sie zuvor
beschrieben wurden.

Es wurde bereits aus dem Verhalten des Brechungsindexes bei
der Resonanz geschlossen, daß hier das Plasma Energie auf-
nehmen sollte. Die Kenntnis der Feldgrößen der außerordentlichen Mode ermöglicht jetzt über die Berechnung des Poynting-

Vektors anzugeben, wieviel Energie von der Welle an das Plasma übertragen wird. Für komplexe Feldgrößen ist der Poynting-Vektor in geeigneter Schreibweise $\underline{P} = \frac{1}{2} \underline{E} \times \underline{H}^*$. Wird $\underline{E} = \underline{E}_1 e^{-i\omega t + i\underline{k} \cdot \underline{r}}$ angesetzt, so ist $\underline{H} = 1/\mu_0 \omega \, \underline{k} \times \underline{E}$. Die z-Achse sei parallel zum statischen Magnetfeld gewählt, die Welle laufe in y-Richtung ein. Unter diesen Voraussetzungen erhält man den Poynting-Vektor als

(13) $\quad \underline{P} = \frac{1}{2\mu_0 \omega} \{ (k_y^* E_x E_x^*) \, \underline{e}_y - (k_y^* E_x^* E_y) \, \underline{e}_x \}$

Die an das Plasma pro Volumenelement abgegebene Leistung der Welle im Zeitmittel ergibt sich hieraus zu

(14) $\quad - \nabla \cdot (\text{Re}(\underline{P})) = \frac{1}{2\mu_0 \omega} (2 k_i k_r) \, |E_{1x}|^2 \, e^{-2k_i y}$

Es ist ersichtlich, daß ein maximaler Energieübertrag Plasmabedingungen erfordert, bei denen Real- und Imaginärteil des Brechungsindexes gleichzeitig große Werte annehmen. Das ist im Rahmen der hier gewählten Beschreibung des Plasmas nur in der Umgebung von Resonanzen möglich. Diese Stellen maximalen Energieübertrags aufgrund der lokalen Plasmaeigenschaften werden als "intrinsic"-Resonanzen bezeichnet.

Ist das Plasma in y-Richtung unendlich ausgedehnt, so erhält man den Gesamtenergieübertrag der bis zur völligen Absorption laufenden Welle als

(15) $\quad \int_0^\infty - \nabla \cdot (\text{Re}(\underline{p})) \, d\underline{y} = \frac{1}{2\mu_0 \omega} k_r \, |E_{1x}|^2$

Diese Größe erreicht ihr Maximum bei maximalem Realteil des Brechungsindexes.

## 5. Geometrische Resonanzen

Die bisherige Behandlung beschreibt nur die Eigenschaften des Plasmas für sich genommen, während für ein räumlich begrenztes Laborplasma der Einfluß der endlichen Ausdehnung

zu berücksichtigen ist. Die hierfür charakteristischen
Effekte zeigen sich bereits bei der Untersuchung eines
ebenen Analogons (11). Die außerordentliche Welle werde von
einem in der x-z-Ebene in x-Richtung fließenden Wechselstrom angeregt. Sie breitet sich von dieser Ebene in y-Richtung ins Plasma aus. An der Stelle $y=y_o$ befinde sich
eine zur x-z-Ebene parallele leitende Fläche. Die einlaufende Welle wird hier reflektiert. Die Überlagerung von
einlaufender und reflektierter Welle ergibt ein stehendes
Wellenfeld. Aus der Berechnung des resultierenden Wellenfeldes und Integration der Divergenz des Poynting-Vektors
über das Volumen erhält man für die vom Plasma absorbierte
Leistung pro Flächeneinheit

$$(16) \quad P \sim \frac{1+(n^2-1)\cos^2(k\,y_o)}{\sin(ky_o)(\sin(ky_o)+ i\, n \cos(ky_o))}$$

Dieser Ausdruck wird maximal für $\sin(ky_o) = 0$. Das sind
gerade die Stellen, für die die Wellenlänge im Plasma die
Werte $\frac{\lambda}{2} = 1 \cdot y_o, \frac{1}{2} y_o, \ldots \frac{1}{m} y_o$ annimmt. Hier werden die Eigenschwingungen des Systems angeregt, die von der Geometrie
abhängen. Im Plasma entstehen große Amplituden des E-Feldes
und damit starke Teilchenbewegungen, die zu einer Absorption
führen, die stärker als bei der "intrinsic"-Resonanz werden
kann (Abb. 2c). Diese Stellen werden als "geometrische"
Resonanzen bezeichnet. Bedingung für ihr Auftreten ist, daß
der Realteil des Brechungsindexes genügend hohe Werte annimmt, damit die Wellenlänge im Plasma auf mindestens $2y_o$
komprimiert wird. Je höher der Maximalwert von $n_r$ wird,
um so höhere Eigenschwingungen können auftreten. Zusätzlich darf die Dämpfung nicht zu groß werden, damit die Eigenschwingungen anschwingen können. Ersichtlich sind diese
Bedingungen auf der rechten Seite der Resonanz erfüllt.

Im Prinzip gleiche Effekte treten für ein zylindrisches
Laborplasma auf: Auf der Oberfläche des Plasmazylinders
fließe ein Wechselstrom in $\theta$-Richtung, der die außer-

ordentliche Welle anregt. Das statische Magnetfeld sei in
Richtung der Zylinderachse gerichtet. Im Plasma breitet sich
dann eine Zylinderwelle in radialer Richtung aus. Das
elektrische Wechselfeld hat die Komponenten $E_\theta$ und $E_r$;
das magnetische Wechselfeld besteht nur aus der Komponente
$H_z$. Integration der Divergenz des Poynting-Vektors über das
Volumen ergibt für die absorbierte Leistung
$P \sim n \frac{J_o(kp)}{J_1(kp)}$ , wobei p der Radius des Plasmazylinders ist.
Die Eigenschwingungen des zylindrischen Systems werden durch
Bessel-Funktionen 1. Art beschrieben. Maximale Absorption
ergibt sich in der Nähe der Minima der Funktion $J_1$ mit
komplexem Argument. Die Lage dieser Minima ist gegeben durch
$k_r p \approx 3.83, 7.02, 10.17, \ldots$
$\rightarrow \frac{\lambda}{2} \approx 0.82\, p,\; 0.45\, p,\; 0.31\, p,\; \ldots$

Die obigen Beziehungen sind hergeleitet für vorgegebenen
anregenden Strom; die auftretenden geometrischen Resonanzen
entsprechen "freien" radialen Eigenmoden des Systems. Analog
treten "erzwungene" Moden auf, wenn die anregende Spannung
vorgegeben ist; nunmehr werden Nullstellen von $\cos(k y_o)$ bzw.
von $J_o(kp)$ maßgeblich. Beide Fälle gehen ineinander über,
wenn zwischen anregender Spule und Plasma ein großer Abstand liegt.

## 6. Ionenkonzentrationen

Nachzutragen ist eine Komplikation, die bei Anwesenheit von
mehr als einer Ionenart im Plasma auftritt. Keineswegs ergeben sich hierbei mehrere untere Hybrid-Resonanzen, vielmehr tritt weiterhin nur eine untere Hybrid-Resonanz auf;
ihre Lage freilich wird abhängig von der relativen Häufigkeit $x_i$ der verschiedenen Ionenarten. Zusätzlich zu erwartende
Resonanzen treten in der Nähe der Ionen-Zyklotron-Frequenzen
als Ionen-Ionen-Hybrid-Resonanzen (in der Regel verschieden
von den Zyklotron-Resonanzen) auf. Auf diese Resonanzen in
einem wesentlich tieferen Frequenzgebiet soll hier nicht
weiter eingegangen werden.

Das zunächst erstaunliche Verbleiben einer einzigen unteren
Hybrid-Resonanz ergibt sich schon aus einer Erweiterung des
eingangs beschriebenen einfachen Federmodells. Dies ist
skizziert in Abb. 3. Aus diesem Modell wie auch
aus detaillierten Untersuchungen von Buchsbaum (12)
ergibt sich die genaue Lage der unteren Hybrid-Resonanz zu

$$(17) \quad \omega_{LH}^2 = \Omega_e \frac{\omega_{pe}^2 \sum_j x_j \Omega_j + \Omega_e \sum_j \Omega_j^2}{\omega_{pe}^2 + \Omega_e^2}$$

Im Grenzwert hoher Dichte gilt hinreichend genau

$$(18) \quad \omega_{LH}^2 = \Omega_e \sum_j x_j \Omega_j$$

Die Konzentrationsabhängigkeit der unteren Hybrid-Frequenz
erscheint ein wesentliches Merkmal dieser Resonanz zu sein
und bietet sich zur experimentellen Überprüfung an.

## 7. Plasmasäulen endlicher Länge

Die hier angegebene Lage der unteren Hybrid-Resonanz für
eine oder mehrere Ionensorten resultiert aus der Dispersionsbeziehung für elektromagnetische Wellen, die sich
exakt senkrecht zum statischen Magnetfeld ausbreiten.
Setzt man für ein stoßfreies Plasma einen Winkel $\theta$
zwischen Ausbreitungsrichtung und statischem Magnetfeld
an, so kann die Dispersionsgleichung nicht mehr so faktorisiert werden, daß ordentliche und außerordentliche
Welle entkoppelt sind. Es zeigt sich, daß bei einem
Winkel $\theta = 90° - \varepsilon$ diejenige Lösung, die bei senkrechter
Ausbreitung die untere Hybrid-Resonanz ergibt, in Richtung
Elektronenzyklotronfrequenz verschoben ist (anfangs mit
endlicher Steigung, dann sehr schnell). Da experimentell eine
Einstrahlung exakt unter 90° nur sehr schwer realisierbar
ist, können hiernach Zweifel bestehen, ob diese Resonanz
in der im vorhergehenden beschriebenen Weise auftreten
kann. Ein anschauliches Argument gegen diese Zweifel er-

gibt sich aus dem großen Brechungsindex des Plasmas für die
außerordentliche Welle, der oft in der Größenordnung von
einigen $10^2$ bis einigen $10^6$ liegt. Durch Brechung der einfallenden Welle werden auch erhebliche Schrägeinstrahlungen
korrigiert.

Zudem ist die Einführung eines Winkels zwischen Ausbreitungsrichtung und statischem Magnetfeld nur für ein stoßfreies Plasma ohne weiteres möglich. Dann ist $\underline{k}$ reell,
sofern die Welle sich ausbreitet, und man kann ansetzen
$|\underline{k}|\sin\theta = k_x$ und $|\underline{k}|\cos\theta = k_z$.

Sofern Verluste im Plasma vorhanden sind, wird $\underline{k}$ komplex.
Damit der Winkel reell bleibt, ist dann zu fordern
$\text{Re}(\underline{k})\cos\theta = \text{Re}(k_z)$ $\qquad \text{Re}(\underline{k})\sin\theta = \text{Re}(k_x)$
$\text{Im}(\underline{k})\cos\theta = \text{Im}(k_z)$ $\qquad \text{Im}(\underline{k})\sin\theta = \text{Im}(k_x)$.
Diese Forderung bedeutet aber, daß dann Ausbreitung und
Dämpfung der Welle in gleicher Richtung geschehen (13).

Eine für Laborplasmen realistischere Behandlung dieser
Effekte wurde von Skipping, Oakes und Schlüter durchgeführt (14). Die endliche Länge des Plasmazylinders wird
durch eine Fourier-Analyse (Entwicklung nach stehenden
Wellen in axialer Richtung) in Richtung der Säulenachse
berücksichtigt. Für jede Komponente dieser Fourier-Reihe
ergibt sich nunmehr eine Dispersionsgleichung, die reelle
Werte von $k_\parallel = m\frac{\pi}{L}$ (m = 1,2,3,...) enthält, wobei L die
Länge der Plasmasäule ist. Dies hat zur Folge, daß die
untere Hybrid-Resonanz unverrückt in der Position bleibt,
die sich auch für $\theta = 90°$ und $k_\parallel = 0$ ergibt. Freilich
sind die Flügel der Resonanz in dem Sinne vertauscht, daß
nunmehr Fortpflanzung links von der Resonanzstelle, Reflexion rechts von der Resonanz begünstigt ist (vergleiche
Abb. 2b). Durch Kopplung der ordentlichen und außerordentlichen Mode tritt eine weitere Lösung der Dispersionsgleichung auf, die jedoch bei verschwindenden Stoßfrequenzen
keine Singularität besitzt. Es treten allenfalls relative
Maxima der Brechungsindizes auf, die mit ihrer Lage an das

eingangs zitierte Winkelbild erinnern. Diese zweite
Lösung kann zur Erweiterung und Strukturierung der unteren
Hybrid-Resonanz führen, insbesondere zur Verschiebung von
geometrischen Resonanzen zu höheren Frequenzen; in der
Regel ist ihr Einfluß jedoch begrenzt, so daß die Aussagen
der Theorie für Wellenfortpflanzung strikt senkrecht
zum statischen Magnetfeld im wesentlichen als zutreffend
zu betrachten sind. Es sei darauf hingewiesen, daß die
genannten hauptsächlichen Ergebnisse der Fourier-Ent-
wicklung unabhängig sind von der genauen Zusammensetzung
des $k_\parallel$ -Spektrums. Sinngemäß sollten sie also auch gelten,
wenn nicht die idealisierten axialen Randbedingungen angenommen sind, die detaillierten Untersuchungen von
Skipping, Oakes und Schlüter (14) zugrunde liegen.

Alle bisher angegebenen Vorgänge sind aus einem linearen
Modell hergeleitet. Da aber gerade bei der Resonanz
starke Veränderungen des Plasmas unter Einwirkung der
Welle eintreten, ist zunächst fraglich, ob die Resonanz
nach Überschreiten einer gewissen Amplitude noch existiert.
Nach nichtlinearen Rechnungen von Stepanov (15) zeigt
sich aber, daß die Lage der Resonanz nicht amplituden-
abhängig sein sollte. Dies bedarf freilich experimenteller
Nachprüfung.

C Temperatureinfluß

Bis jetzt wurde der Einfluß von Temperatureffekten nicht
diskutiert. Diese Frage ist jedoch von starkem Interesse,
weil Rechnungen und Messungen von Vandenplas et al. (16)
die Vermutung aufkommen ließen, daß die untere Hybrid-
Resonanz bereits bei Berücksichtigung der Temperatur-
effekte in 1. Näherung durch skalare Druckterme grund-
sätzlich erheblich verändert werden könnte.

Rechnungen von Demidov et al. (17) und Oakes und Schlüter ( 8)
zeigen die Möglichkeit eines beträchtlichen Einflusses dieser Effekte auf den Brechungsindex in der Umgebung der unteren Hybrid-Resonanz, zumal durch Elektronen- und Ionendruck
je eine neue Wurzel der Dispersionsgleichung auftritt.
Es hat sich im vorhergehenden gezeigt, daß bei der Behandlung
eines endlichen Plasmas durch ein Randwertproblem, wie es
zur Berechnung der Leistungsübertragung an ein Laborplasma
nötig ist, erhebliche Modifikationen gegenüber der Rechnung
für ein unendlich ausgedehntes Plasma auftreten können.
Daher soll auch der Einschluß von Drucktermen unter Berücksichtigung radialer Randwerte erfolgen.

Die Durchführung dieser wichtigen Analyse und ihrer umfänglichen algebraischen Details sind schon veröffentlicht
(10, 18). Daher sollen hier nur die wichtigsten Ergebnisse
zusammengefaßt und erläutert werden.

Auf der Basis voll elektromagnetischer Behandlung ergibt
die Dispersionsgleichung eine zusätzliche Lösung (bei
Einschluß auch des Ionendruckes (10) zwei zusätzliche
Lösungen); hierdurch könnten zusätzliche geometrische Resonanzen erzeugt werden und eventuell das Verhalten bei
der unteren Hybrid-Resonanz - wie es sich aus der Theorie
des kalten Plasmas ergibt - überdeckt werden.

Zunächst zeigt sich aber, daß - unter vereinfachten Bedingungen - die Impedanz eines kalten Plasmas durch eine
Parallelimpedanz ergänzt wird, die für sehr große Werte
der Brechungsindizes nach Unendlich geht, also verschwindenden Einfluß hat. Die weitere Analyse ergibt ebenso geringen Einfluß der Druckeffekte (thermische Effekte)
auch bei geringeren Werten der Brechungsindizes, sofern
nur die der außerordentlichen Mode entsprechende Lösung
noch die Ausbildung geometrischer Moden - auch nur im
Ansatz - zuläßt. Dies ist stets der Fall, sofern das Plasma
nicht sehr geringe radiale Ausdehnung und niedrige Elektro-

nendichte besitzt. Der merkbare Einfluß von Drucktermen, der für solche extremen Fälle auftreten kann, ist anderenorts illustriert (10). Ein Beispiel gibt Abb. 4 . Die Hauptbedingung für die Vernachlässigung thermischer Effekte ist quantitativ:

(19) $\quad k_{cr} \cdot p \gtrless \pi$

(20) $\quad k_{cr} \approx \frac{\omega_{pe}}{c} \sqrt{\frac{\omega}{2\nu}} \quad$ (Re(k) nach der "kalten" Theorie)

Es besteht allerdings noch eine Nebenbedingung. Für völlige Vernachlässigung der Druckterme muß auch gelten:

(21) $\quad \frac{\nu^2}{\omega^2} \gg 2 \gamma_e KT_e N_e / (B_o^2/2\mu_o)$

Falls diese Bedingung durchbrochen wird, treten im hochfrequenten Flügel der unteren Hybrid-Resonanz zusätzliche geometrische Resonanzen der thermischen Mode (auf Grund des Elektronendrucks) auf; die Hybrid-Resonanz wird hier verstärkt. Ein extremes Beispiel gibt Abb.5 für ein sehr heißes Plasma.

Der Ionendruck ist nur wichtig, wenn der Einfluß des Elektronendruckes merkbar wird; er modifiziert die Wirkung des Elektronendruckes. Auch bei thermischem Einfluß läßt sich zeigen, daß die verschiedenen Stoßfrequenzen als eine effektive Stoßfrequenz $\nu$ wirken:

(22) $\quad \nu = \nu_{en} \frac{\rho_n}{\rho_e + \rho_n} + \nu_{ie} + \nu_{in} \frac{\rho_n}{\rho_i + \rho_n} \frac{\Omega_i \Omega_e}{\omega^2}$

Bei der unteren Hybrid-Frequenz im interessanten Bereich, bei $\sqrt{\Omega_i \Omega_e}$, tritt also im wesentlichen die Summe der drei Stoßfrequenzen auf.

Abschließend sei bemerkt, daß der Einfluß thermischer Effekte in obiger Näherung Hinweise auch für hohe Temperaturen gibt,

daß jedoch dann für quantitative Ergebnisse und für den
Einschluß zusätzlicher Dämpfungsmechanismen kinetische
Betrachtungen notwendig werden, eventuell bei gleichzeitigem Einschluß von Inhomogenitätseffekten.

D  Messungen mit magnetischem Spiegelfeld

Nach diesen theoretischen Überlegungen soll über ein durchgeführtes Experiment zur Untersuchung des Verlaufs des Lastwiderstandes in der Umgebung der unteren Hybrid-Resonanz berichtet werden. Es wird eine Absolutmessung durchgeführt. Der experimentelle Aufbau ist in naheliegender, einfacher Weise durchgeführt. Zur Erzeugung der Welle wird ein selbsterregter Sender nach Colpitt verwendet. Die Spule des Senderschwingkreises ist als Einwindungsspule ausgeführt und umgibt konzentrisch das elektrodenlose Entladungsgefäß, in das als Füllgas Wasserstoff oder Deuterium eingefüllt ist. Bei Anschwingen des Senders bildet sich zunächst in der Spule ein kapazitives Feld aus, das hohe Werte von $E_{eff}/p$ erzeugt. Die dadurch in Gang gesetzte Ionisation führt zu einem sehr gut leitenden Plasma, das vermöge seiner abschirmenden Wirkung die Ausbildung eines elektrischen Ringfeldes $E_\theta$ bei brennender Entladung bewirkt (19). In diesem Zustand läuft eine Zylinderwelle ins Plasma, die nach der vorgegebenen Geometrie die außerordentliche Welle anregt. Durch Wahl von Senderfrequenz und statischem Magnetfeld kann die untere Hybrid-Resonanz erreicht werden. Bei Änderung der Plasmaparameter kann die Umgebung der Resonanz durchlaufen werden. Üblicherweise geschieht das durch Variation der Senderfrequenz oder des statischen Magnetfeldes. Wegen des hier gewählten Sendertyps ist eine Frequenzänderung schwierig, während die Änderung des statischen Magnetfeldes durch eine geeignete Stromversorgung in einfacher Weise möglich ist. Durch beide Arten der Parametervariation ergeben sich im wesentlichen die gleichen Verhältnisse im hier untersuchten Bereich. Als Meßgrößen werden die Leistung P im Plasma und eine Spannung V proportional zur Umfangsspannung $\int E_\theta ds$ an der Senderspule gewählt. Nach dem Ohmschen Gesetz erhält man hieraus den Lastwiderstand, den das System Spule-Plasma für den Sender darstellt, als

(23) $R_L = |V_{eff}|^2 / P$

1. Experimenteller Aufbau

a) Sender

Der verwendete Colpitt-Sender ist im Eigenbau für HF-Leistungen bis zu etwa 10 kW ausgelegt. Im Experiment wurden aber nur einige Hundert Watt bis 1 kW in die Entladung eingekoppelt. Diese Überdimensionierung ermöglicht ein unkritisches und stabiles Arbeiten des Senders bei der Variation des Lastwiderstandes, die beim Durchfahren der Umgebung der Resonanz auftritt. Die veränderliche Last ist auch der Grund für den gewählten Aufbau. Das Plasma ist direkt in den Senderschwingkreis einbezogen und bestimmt daher das Rückkopplungsverhalten des Senders mit. Während ein fremderregter Sender bei Laständerung nachgestimmt werden muß, stellt sich die hier verwendete Anordnung auf die neuen Verhältnisse ein. Für die Berechnung des Lastwiderstandes ist die Kenntnis der Umfangsspannung $\int E_\theta ds$ notwendig. Aus der Theorie des Colpitt-Oszillators ist bekannt, daß die Teilpotentiale an den Enden der Schwingkreisspule um 180° phasenverschoben sind. Messung der Effektivwerte dieser Spannungen gegen Erde und Addition der Ergebnisse ergibt die Umfangsspannung. Der erhaltene Wert kann durch Messung der von der Senderspule in einer Induktionsspule induzierten Spannung überprüft werden. Damit kann die Teilspannung an einem Spulenende auf die Umfangsspannung kalibriert werden. Diese Teilspannung wird während der Messungen registriert.

b) Entladungsgefäß mit Vakuumapparatur und Gaseinlaßsystem

Die erzeugte elektrodenlose Entladung brennt in einem Quarzrohr von 60 cm Länge und 6 cm Durchmesser, das auf einer Länge von 50 cm von einem Kühlmantel umgeben ist. An einem

Rohrende sind zwei Anschlüsse für Vakuum- und Gaseinlaßsystem angebracht (Abb. 6). Eine Öldiffusionspumpe erzeugt ein Grundvakuum von etwa $2 \cdot 10^{-6}$ Torr. Da Fremdatome die Ausbildung der Resonanz beeinträchtigen oder überdecken können, ist eine hohe Reinheit des Füllgases erforderlich. Es ist erforderlich, bei brennender Entladung ständig Gas mit konstantem Druck durchströmen zu lassen. Während des Betriebs mißt ein hochfrequenzunempfindliches Alphatron-Gerät den Gasdruck an der Einlaßseite. Dieses Gerät gibt eine zum Druck proportionale Spannung auf ein Regelsystem, das durch Steuerung eines Nadelventils den Druck konstant hält. Zur Bestimmung des Gasdrucks im Gefäß sind zwei LKB-Meßröhren (Wärmeleitungsmanometer nach Pirani) im Vakuumweg und Gaseinlaßweg in gleichem Abstand vom Rohrende angebracht. Bei strömendem Gas ist der Druck im Entladungsgefäß in guter Näherung konstant. Sein Wert ist gegeben durch das Mittel der beiden Meßwerte.

Die Erwärmung des Kühlwassers im Kühlmantel wird zur Messung der vom Sender in das Plasma eingekoppelten Leistung verwendet. In Zu- und Abfluß des Kühlwassers ist jeweils ein NTC-Widerstand eingebaut. Beide Widerstände liegen in einer Brückenschaltung, die bei Temperaturgleichheit abgeglichen ist. Bei Erwärmung des Widerstandes im Abfluß fließt ein Strom in der Brücke, der ein Maß für die Temperaturerhöhung ist. Gleichzeitig wird der Wasserdurchfluß gemessen, so daß die vom Kühlwasser aufgenommene Leistung bestimmt werden kann.

Es hat sich bei ähnlichen Experimenten (5) gezeigt, daß die Leistungsverluste an den ungekühlten Rohrenden nur etwa 10 % der Gesamtleistung betragen. Sie sind im Rahmen der hier angestrebten Genauigkeit vernachlässigbar. Ebenso können Strahlungsverluste vernachlässigt werden, da Messungen mit schwarzer Kühlflüssigkeit keine Änderung der Ergebnisse zeigen. Daher wird hier die vom Kühlwasser aufgenommene Leistung gleich der vom Sender in das Plasma eingekoppelten gesetzt. Wegen der großen Zeitkonstanten dieses kalorimetrischen Verfahrens ist eine hinreichend langsame Variation des äußeren Magnetfeldes beim Durchfahren der Umgebung der Resonanz nötig.

c) Magnetspulensystem

Das statische Magnetfeld wird von 4 Spulen erzeugt, die ein Flaschenfeld mit einem Spiegelverhältnis von etwa 2:1 aufbauen. Mit dem vorhandenen Stromversorgungsgerät können Feldstärken bis zu 850 Gauß am Rand der Koppelspule auf der Gefäßoberfläche erzeugt werden. Wegen der benötigten hohen Stromstärken ist es erforderlich, die Spulen mit Wasser zu kühlen.

d) Mikrowelleninterferometer

Um den gemessenen Absolutwert des Lastwiderstandes mit den Vorhersagen der Theorie vergleichen zu können, müssen die Stoßfrequenzen und die Elektronendichte bekannt sein. Der Neutralgasdruck wird gemessen, so daß die Stoßfrequenzen aus der Literatur entnommen werden können (20). Damit bleibt als wesentliche Meßgröße für die Diagnostik die Elektronendichte. Die Messung der Elektronendichte wird mit einem 8 mm Mikrowellen-Interferometer durchgeführt. Die Mikrowelle durchstrahlt das Plasma senkrecht zum statischen Magnetfeld im Abstand von 5,5 cm von der Mitte der Koppelspule. Das System ist so ausgelegt, daß sich die Welle der $H_{10}$-Mode mit dem E-Vektor parallel zum statischen Magnetfeld als ordentliche Welle im Plasma ausbreitet. Die Phasenverschiebung, die diese Welle auf dem Weg durch das Plasma erfährt, ist ein Maß für die vorhandene Elektronendichte. Ein Hybrid-Mischer für Meß- und Referenzzweig des Interferometers liefert ein der Phasenverschiebung proportionales Signal, das während der Messung registriert wird. Die Auswertung dieses Signals erfolgt nach dem bekannten von Heald und Wharton angegebenen Verfahren (21). Da das Kühlwasser die 8 mm Mikrowelle vollständig absorbiert, wird zunächst in einer Messung der Lastwiderstand, wie im vorigen

ausgeführt, für die gewählten Bedingungen bestimmt. In einer
zweiten Messung wird unmittelbar danach bei der gleichen
Sendereinstellung ohne Kühlwasser die zugehörige Elektronendichte aufgenommen. Hierbei erfolgt die Kühlung des Entladungsgefäßes durch Preßluft.

2. Ergebnisse

a. Lastwiderstände bei verschiedenen Elektronendichten

Nach dem beschriebenen Verfahren wurde der Lastwiderstand
des Systems Spule-Plasma in der Umgebung der unteren Hybrid-
Resonanz als Funktion des statischen Magnetfeldes gemessen.
Dabei konnte die Magnetfeldstärke von etwa 200 Gauß bis
850 Gauß variiert werden. Die untere Grenze war durch die
Entladung gegeben, da bei zu niedrigen Feldstärken ein
Durchschlagen des Plasmas in das Vakuum- und Gaseinlaßsystem erfolgte. Die obere Grenze wurde durch das verwendete Stromversorgungsgerät bestimmt. Damit lag der für
Wasserstoff zugängliche Bereich zwischen $\sqrt{\Omega_i \Omega_e}/\omega = 0,45$
und $\sqrt{\Omega_i \Omega_e}/\omega = 3,6$. Der Bereich des Gasdrucks ist ebenfalls
eingeschränkt, da bei zu kleinem Druck die Entladung nicht
hinreichend stabil brennt, während zu hoher Druck eine sehr
breit ausgeschmierte Resonanz wegen der auftretenden starken
Stoßdämpfung ergibt. Der Arbeitsbereich lag zwischen etwa
$1.0 \cdot 10^{-2}$ und $3.0 \cdot 10^{-2}$ Torr. Eine typische Meßkurve zeigt
Abb. 7. Aufgetragen ist der Absolutwert des Lastwider-
standes gegen den zum statischen Magnetfeld proportionalen
Quotienten $\sqrt{\Omega_i \Omega_e}/\omega$. Als Füllgas wurde Wasserstoff verwendet.
Erwartungsgemäß tritt ein Minimum des Lastwiderstandes in
der Nähe der unteren Hybrid-Resonanz bei 430 Gauß auf,
während zu höherem und kleinerem Feld ein steiler Anstieg
einsetzt. Bei höheren Neutralgasdrücken zeigt sich wegen
der zunehmenden Dämpfung durch Stöße eine Verbreiterung
des Minimums. Abb. 8 zeigt für verschiedene Neutralgasdrücke die während der Messungen aufgenommene Elektronendichte in Abhängigkeit vom statischen Magnetfeld. Für

hohen Gasdruck treten oberhalb und unterhalb der Resonanzfeldstärke zwei Maxima in der Dichte auf. Vergleiche mit den Leistungskurven zeigen, daß an diesen Stellen maximale Leistung in das Plasma eingekoppelt wird. Bei der Resonanz selbst wird minimale Leistung eingekoppelt, da hier wegen des Innenwiderstandes des Versorgungsgeräts die Anodenspannung des Senders zusammenbricht. Trotzdem zeigt der Lastwiderstand an dieser Stelle ein Minimum, wie es an einer Resonanzstelle erwartet wird.

b. Lastwiderstände bei Wasserstoff-Deuterium-Gemischen

Nach dem Nachweis der Existenz der Resonanz wurden die Verhältnisse in Wasserstoff-Deuterium-Gemischen untersucht, bei denen erwartungsgemäß weiterhin nur ein Minimum des Lastwiderstandes auftrat. Besonderes Interesse galt hier der Lage des Minimums der Meßkurven bei verschiedenen Füllgasen und Gasdrücken. Daher wurde durch die Meßpunkte mit einem "Least-Square-Fit" eine Parabel 4. Grades gelegt, die die Streuungen der Meßpunkte ausglättet. Die Entladung wurde mit reinem Wasserstoff und reinem Deuterium, sowie mit Wasserstoff-Deuterium-Gemischen betrieben. Es wurden Gemische mit 20 %, 40 %, 60 % und 80 % Deuterium verwendet. Um eine saubere Entladung mit definierter Gaszusammensetzung zu gewährleisten, wurde bei Wechsel des Füllgases die Apparatur zunächst auf Hochvakuum ausgepumpt, dann mehrmals mit dem neuen Gas bei Atmosphärendruck durchgespült. Vor der Messung wurde die Entladung längere Zeit bei einigen $10^{-1}$ Torr betrieben, um Reste des früheren Gases von der Gefäßwand abzudampfen. Die Messungen an den reinen Gasen ergaben eine Verschiebung der Lage der Resonanz bei Übergang von Wasserstoff zu Deuterium um einen Faktor 1.41 in guter Übereinstimmung mit der Theorie, die wegen der Massenabhängigkeit der Resonanzstelle eine Verschiebung um einen Faktor $\sqrt{2}$ fordert. Die Messungen an den Gemischen ergaben weiterhin jeweils nur eine Resonanzstelle, deren Verschiebung gegenüber der Resonanz bei Wasserstoff innerhalb von 5 % mit den Vorhersagen der Theorie nach Gleichung (17) übereinstimmte. Die folgende

Tabelle gibt die Verschiebung der Resonanz auf Wasserstoff normiert:

| Füllgas | | | | | | |
|---|---|---|---|---|---|---|
| $H_2$ | 100 % | 80 % | 60 % | 40 % | 20 % | 0 % |
| $D_2$ | 0 % | 20 % | 40 % | 60 % | 80 % | 100 % |
| | 1.00 | 1.05 | 1.12 | 1.19 | 1.29 | 1.41 |

Neben der Abhängigkeit der Lage der Resonanz von der verwendeten Gasart wurde der Einfluß des Drucks des Füllgases untersucht. Abb. ( 9 ) zeigt die Meßergebnisse. Es ergibt sich aus dem Kurvenverlauf, daß für Drücke unterhalb von $10^{-2}$ Torr und oberhalb von $2.6 \cdot 10^{-2}$ Torr die Lage der Resonanz nicht mehr druckabhängig ist. Die im Bereich zwischen diesen Drücken auftretende Verschiebung der Resonanz zu höheren Magnetfeldstärken ist vermutlich zum Teil durch die verstärkte Bildung von Molekülionen (5,22) beeinflußt, die nach Gleichung ( 17) einen Effekt in dieser Richtung bewirkt. Aus der Form der Kurven läßt sich folgern, daß die Druckverschiebung unabhängig von der Gasart vom gleichen Mechanismus bewirkt wird. Die in der Tabelle angegebenen Verschiebungen bei Wechsel der Gasart sind jeweils über den gesamten Druckbereich gemittelt. Während die Verschiebung der Resonanz bei Änderung der Gasart, wie bereits erwähnt, innerhalb von 5 % mit den Vorhersagen der Theorie übereinstimmt, ist die absolute Lage der Resonanz um etwa 10 % vom erwarteten Wert zu niedrigem Feld hin verschoben. Dieser Wert gilt für den Bereich von $10^{-2}$ Torr, wo die Lage der Resonanz druckunabhängig ist, so daß dort angenommen werden kann, daß nur atomare Ionen vorhanden sind. Eine teilweise Erklärung dieses Effektes wird durch die Inhomogenitäten des flaschenförmigen Magnetfeldes gegeben. Die angegebenen Feldstärken wurden am Rand der Koppelspule auf der Gefäßoberfläche gemessen. Innerhalb des von der Koppelspule umschlossenen Volumens variiert die Feldstärke um etwa 7 %. Es ist daher nicht eindeutig anzugeben, welche Feldstärke in der Zone des Plasmas, in der die Resonanz eintritt, vorliegt.

E  Messungen im homogenen Magnetfeld

1. Apparative Veränderungen

Bei dem zuvor beschriebenen Experiment zeigt sich, daß die
Änderung der Lage der Resonanz bei Übergang von Wasserstoff
über Gemische zu Deuterium in befriedigender Übereinstimmung mit den theoretischen Vorhersagen gemessen wurde.
Die der Theorie nach zu erwartenden radialen Moden traten
dagegen nicht auf. Nur kleine, aber systematisch gefundene
Strukturen auf der hochfrequenten Seite der Resonanz geben
einen Hinweis auf ihre Existenz. Um das Experiment besser
den in der Theorie gemachten Annahmen anzupassen, wurden
einige Veränderungen des Versuchsaufbaus vorgenommen.
Abbildung (10) zeigt die geänderte Apparatur.

a) Sender

Der Sender blieb im Aufbau unverändert, wurde aber mit ge-
änderten Betriebsbedingungen verwendet. Während bei den
ersten Messungen die Stromversorgung konstant war, wodurch
wegen des Innenwiderstandes des Versorgungsgeräts in der
Resonanz die Spannung an der Koppelspule stark zusammen-
brach, wurde jetzt die Spulenspannung durch ständiges
Nachregeln konstant gehalten. Weiterhin wurde die Kali-
brierung der Spulenspannungsmessung durch Vergleich mit
der in einer Induktionsschleife induzierten Spannung überprüft.

b) Entladungsgefäß mit Vakuumapparatur und Gaseinlaßsystem

Zur genaueren Messung der Leistung im Plasma wurde das Entladungsgefäß soweit wie möglich mit dem Kühlmantel umgeben.
Durch einen Ionenaustauscher wird gewährleistet, daß die
Leitfähigkeit des Kühlwassers geringer als 5 µS/cm ist,
so daß Erwärmung des Kühlwassers durch die Hochfrequenz
ausgeschlossen werden kann. Besseres Durchströmen des Füllgases wurde durch Anschluß des Vakuumsystems und des Gasein-
laßsystems an gegenüberliegenden Rohrenden erreicht.

c) Magnetspulensystem

Statt des Flaschenfeldes wurde eine homogene Magnetfeldkonfiguration aufgebaut, bei der das Feld im Bereich des Entladungsgefäßes auf 5 % konstant war. Als für die Messungen nutzbarer Bereich ergab sich 400 Gauß bis 1500 Gauß.

d) Mikrowelleninterferometer

Das im ersten Experiment durchgeführte Verfahren, Lastwiderstand und Elektronendichte in verschiedenen Läufen zu messen, ist wegen der beschränkten Reproduzierbarkeit der Entladung nicht hinreichend genau. Daher wurde der Kühlmantel des neuen Entladungsgefäßes an zwei gegenüberliegenden Stellen durch Fenster für die Mikrowellendurchstrahlung unterbrochen, so daß eine gleichzeitige Messung von Lastwiderstand und Elektronendichte möglich war. Als Füllgas wurde durchgehend Deuterium verwendet.

2. Ergebnisse

Von den an der im vorigen beschriebenen Apparatur durchgeführten Messungen sollen hier zwei als typische Ergebnisse angegeben werden. Abb. (11) zeigt eine bei niedriger Elektronendichte aufgenommene Messung des Absolutwerts des Lastwiderstandes als Funktion des statischen Magnetfeldes. Die Kreuze geben Meßpunkte wieder, während die durchgezogene Linie die Ergebnisse der Theorie mit skalaren Drucktermen zeigt. Es ist hier anzumerken, daß bei den in diesem Experiment erreichten Temperaturen ($T_e \approx 10$ eV, $T_i \approx 0,4$ eV) noch keine merkliche Abweichung der Theorie mit skalaren Drucktermen von der des kalten Plasmas auftritt, da die Kriterien (19) und (21) gut erfüllt sind. Der experimentell ermittelte Lastwiderstand zeigt ein Minimum bei der unteren Hybrid-Resonanz, während der Theorie nach zusätzlich auf der niederfrequenten Seite der Resonanz eine weitere Absenkung durch den Einfluß von geometrischen Resonanzen zu erwarten wäre. Diese Absenkung wurde nicht beobachtet. Bei Erhöhung der Elektronendichte ändert sich der Verlauf des Lastwiderstandes, wie Abb. (12) zeigt.

Bei der unteren Hybrid-Resonanz verläuft der gemessene Lastwiderstand relativ flach, während das Minimum auf der hochfrequenten Seite eintritt. Dieses Verhalten wird durch den Einfluß der endlichen Länge des Plasmas bewirkt, der von der hier zum Vergleich herangezogenen Theorie des unendlich langen Plasmas nicht wiedergegeben werden kann. Auf der niederfrequenten Seite der Resonanz wird ein Nebenminimum durchlaufen, das mit einer geometrischen Resonanz identifiziert werden kann.

Die der Theorie nach zu erwartenden weiteren geometrischen Resonanzen wurden nicht beobachtet. Die zum Teil erheblichen Abweichungen zwischen Meßwerten und Theorie auf der niederfrequenten Seite der unteren Hybrid-Resonanz sind zum Teil eine Folge der nichtlinearen Wechselwirkung zwischen Plasma und Senderröhre; außerdem kann im Experiment wegen der unscharfen Randbedingungen die Güte des Senderschwingkreises mit dem dämpfenden Plasma nicht so hohe Werte annehmen, wie das theoretische Modell fordert.

G Zusammenfassung

Trotz der zuletzt berichteten schwachen Ausbildung zusätzlicher Strukturen der unteren Hybrid-Resonanz infolge geometrischer Eigenschwingungen bestätigen die Experimente Existenz und wesentliche Eigenschaften dieser Resonanz. Wie theoretisch erwartet tritt nur eine untere Hybrid-Resonanz bei Anwesenheit mehrerer Ionenarten auf; ihre Lage ist (schwach) abhängig von den relativen Ionenkonzentrationen. Theoretisch ergibt sich mit der Näherung skalaren Druckes, daß etwaige Befürchtungen nicht zutreffen, die Aussagen der "kalten" Theorie und die Existenz der unteren Hybrid-Resonanz würden durch thermische Effek-

te grundlegend gefährdet. Die vorliegenden Experimente
stehen in Einklang mit diesem Ergebnis. Es zeigt sich
darüberhinaus, daß die Theorie auch größenordnungs-
mäßig Anhalte für die - praktisch sehr interessierenden -
Absolutwerte der übertragbaren Resonanzleistung gibt.
Bei Anwendungen sind allerdings etwas geringere Lei-
stungen als berechnet anzusetzen; auf überhöhte Leistungsübertragung bei geometrischen Resonanzen im
Flügel der eigentlichen unteren Hybrid-Resonanz ist
infolge verschiedener Einflüsse der Nicht-Linearität (Wellen- und Plasmaerzeugung gekoppelt) und Inhomogenität nicht zu rechnen. Dies zeigt sich konsistent
in allen Untersuchungen dieser Art. Die verbleibende
übertragbare Leistung - vor allem bei der unteren
Hybrid-Resonanz selbst - ist freilich beträchtlich.
Ein wichtiger Befund für praktische Anwendungen ist:
Auch stärkere Ortsvariationen des statischen Magnetfeldes verhindern nicht die Ausbildung einer deut-
lichen Resonanz.

Der zweifellos komplizierte Mechanismus der Einwirkung
von Nicht-Linearität und Inhomogenität besonders auf
geometrische Resonanzstrukturen eröffnet interessante
Aspekte für zukünftige - insbesondere theoretische -
Untersuchungen.

Die Autoren danken Herrn Dipl.-Phys. U. Oberlack
für seine Mithilfe beim Aufbau der Apparaturen und
bei der Durchführung der Messungen.

F Literaturverzeichnis

1  C. O. HINES, J. Atmospheric and Terrestrical Phys. 11, 36 (1957).
2  K. KÖRPER, Z. Naturforschg. 12a, 815 (1957).
3  P. L. AUER, H. HURWITZ, R. D. MILLER, Phys. Fluids 1, 501 (1958).
4  H. SCHLÜTER, Z. Naturforschg. 15a, 281 (1960).
5  H. SCHLÜTER, C. J. RANSOM, Ann. Phys. (N.Y.) 33, 360 (1965).
6  N. M. BRICE, R. L. SMITH, J. Geophys. Res. 70, 71 (1965).
7  A. SCHLÜTER, Z. Naturforschg. 5a, 721 (1950).
8  M. E. OAKES, H. SCHLÜTER, Ann. Phys. (N.Y.) 35, 396 (1965).
9  A. SCHLÜTER, Z. Naturforschg. 6a, 73 (1951).
10 R. BABU, B. LAMMERS, H. SCHLÜTER, Z. Naturforschg. 27a, 930 (1972).
11 K. KÖRPER, Z. Naturforschg. 15a, 226 (1960).
12 S. J. BUCHSBAUM, Phys. Fluids 3, 418 (1960).
13 B. E. BREIHAN, Dissertation, Universität von Texas, Austin (1968).
14 C. R. SKIPPING, M. E. OAKES, H. SCHLÜTER, Phys. Fluids 12, 1886 (1969).
15 K. N. STEPANOV, 9th Conf. on Phenomena in Ionized Gases, 515, Bukarest 1969
16 P. E. VANDENPLAS, A. M. MESSIAEN, J.-L. MONFORT, J. J. PAPIER, Plasma Phys. 12, 391 (1970).
17 V. D. DEMIDOV, D. A. FRANK-KAMENETSKII, V. L. YAKIMENTO, Sov. Phys.-Techn. Phys. 7, 875 (1963).
18 R. BABU, H. SCHLÜTER, Z. Naturforschg. 26a, 856 (1971).
19 E. GEISSLER, Dissertation, KFA Jülich (1967).
20 S. C. BROWN, Basic Data of Plasma Physics, John Wiley and Sons, New York (1962).
21 M. A. HEALD, C. B. WHARTON, Plasma Diagnostics with Microwaves, John Wiley and Sons, New York (1965).
22 C. J. RANSOM, Dissertation, Universität von Texas, Austin (1967).

H Bildanhang

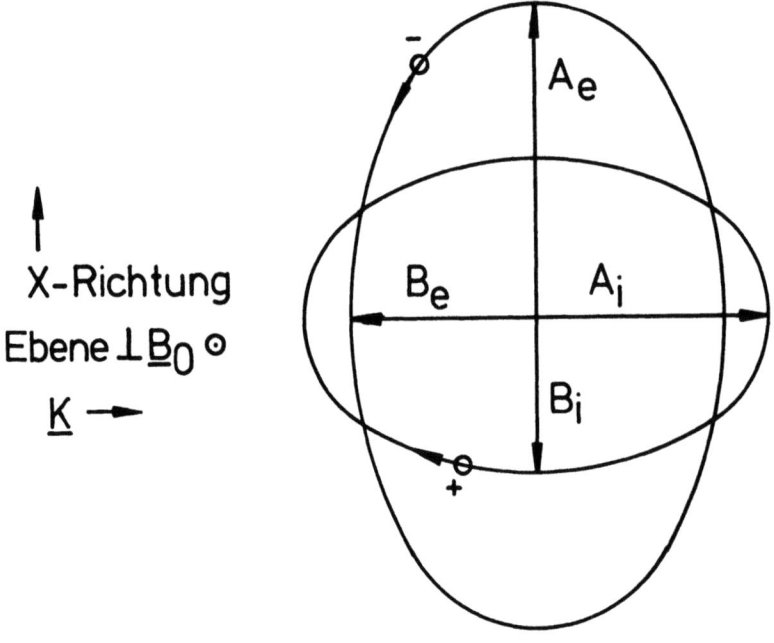

$A_e \approx$ Amplitude
 $\underline{E} \times \underline{B}$ -Drift

$B_e = A_e \dfrac{\omega}{\Omega_e}$
(Polarisationsdrift)

$A_i = A_e \dfrac{\Omega_i}{\omega}$

$B_i = A_e \dfrac{\Omega_i^2}{\omega^2}$

Abb. 1 Teilchenbahnen in der Umgebung der unteren Hybrid-Resonanz

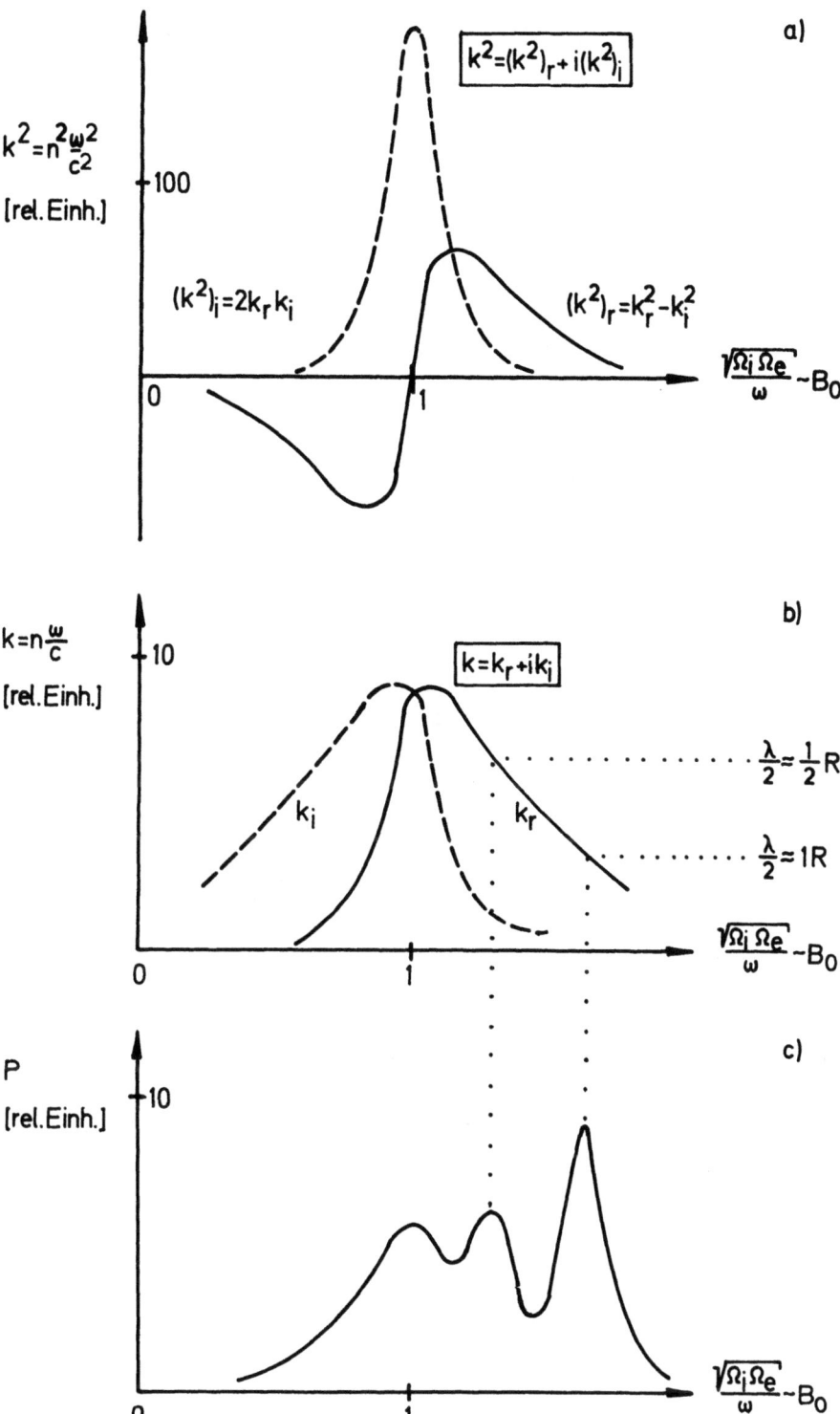

Abb. 2 Dispersionsverhalten des Plasmas und Leistungsübertrag in der Umgebung der unteren Hybrid-Resonanz

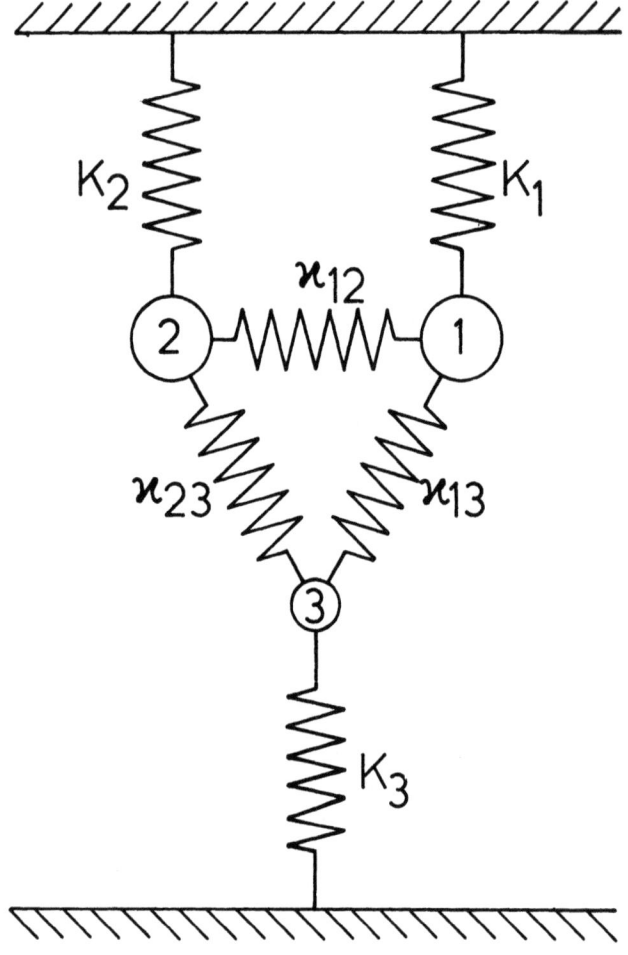

Die $K_i$ entsprechen der Wirkung der Lorentz-Kraft, die $\varkappa_{ik}$ der elektrostatischen Wechselwirkung.

Abb. 3 Mechanisches Analogon der Hybrid-Resonanzen in einem Plasma mit zwei Ionensorten

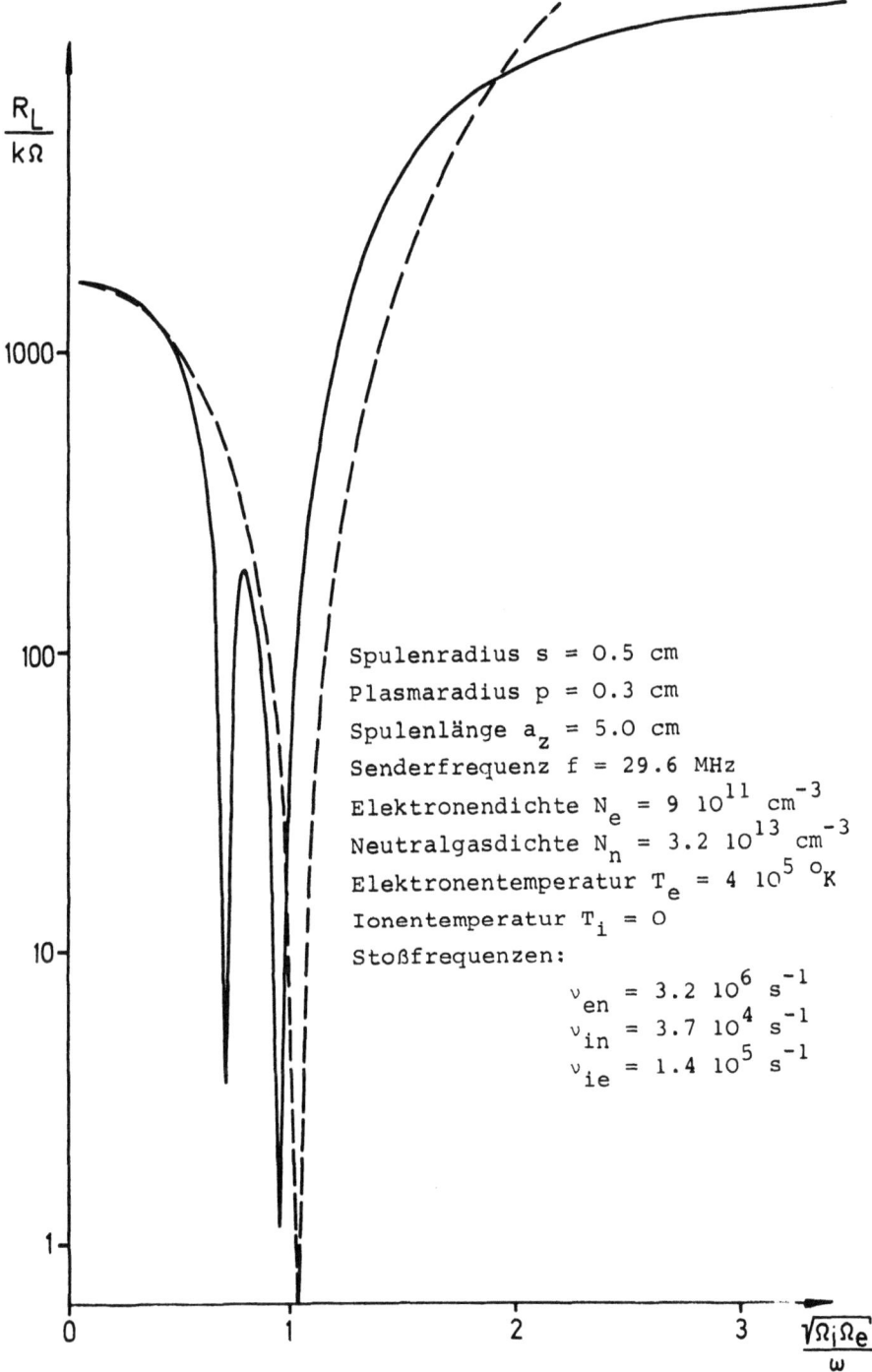

Abb. 4 Lastwiderstand bei Berücksichtigung der Druckterme (–) im Vergleich zur kalten Theorie (– –) bei Verletzung der Ungleichungen (19) und (21)

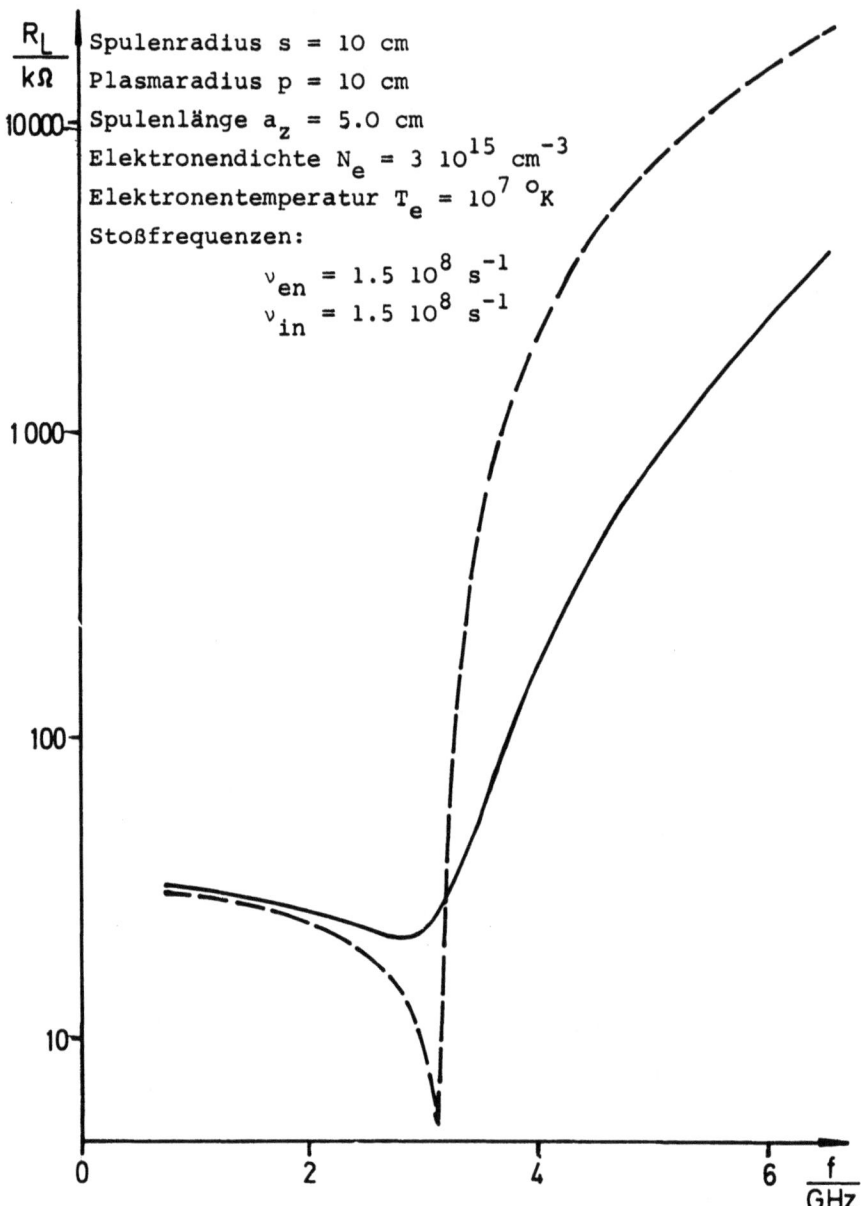

Abb. 5 Lastwiderstand eines sehr heißen Plasmas bei Berücksichtigung der Druckterme (—) im Vergleich zur kalten Theorie (--). Für Ionentemperaturen $\neq 0$ nähern sich die beiden Kurven an. Beide Flügel der Resonanz enthalten zahlreiche sich überlappende und miteinander verschmelzende geometrische Resonanzen. Variiert wird hier die Senderfrequenz bei konstantem statischen Magnetfeld von 50000 Gauß

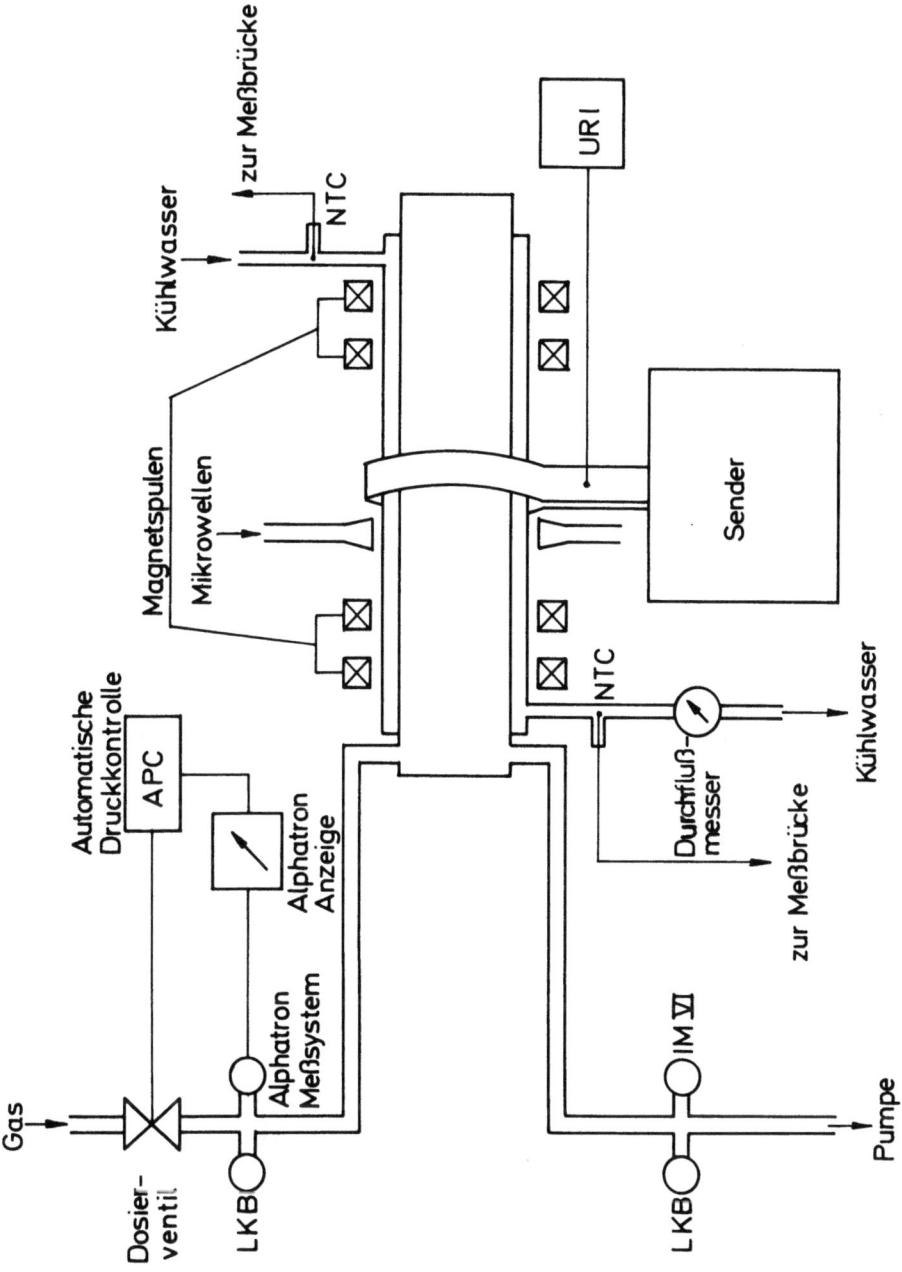

Abb. 6 Schematischer Aufbau der Apparatur für Messungen mit magnetischem Spiegelfeld

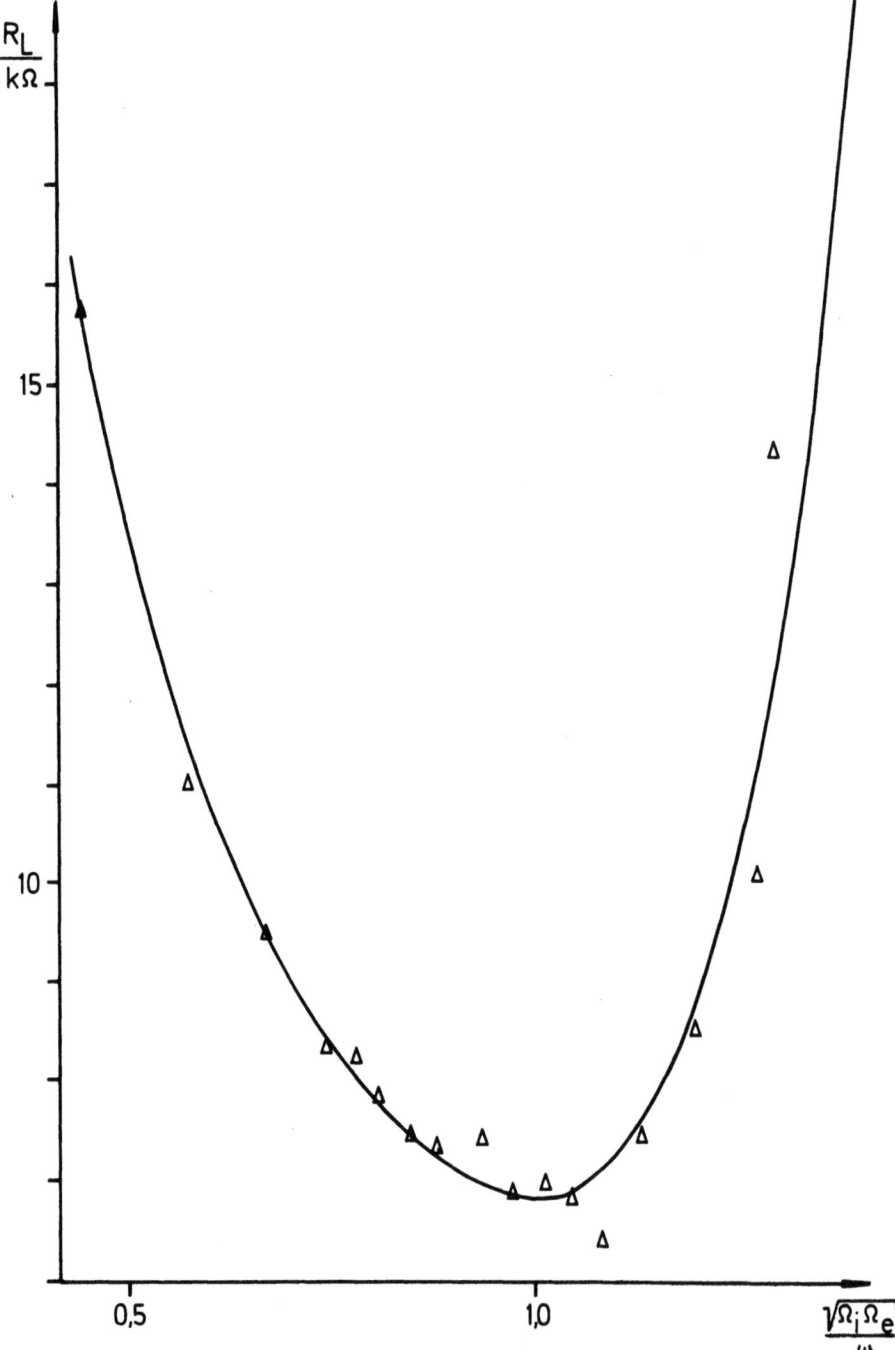

Abb. 7 Typischer Verlauf des Lastwiderstands als Funktion des statischen Magnetfeldes. Durch die Meßpunkte ist eine Parabel 4. Ordnung gelegt.

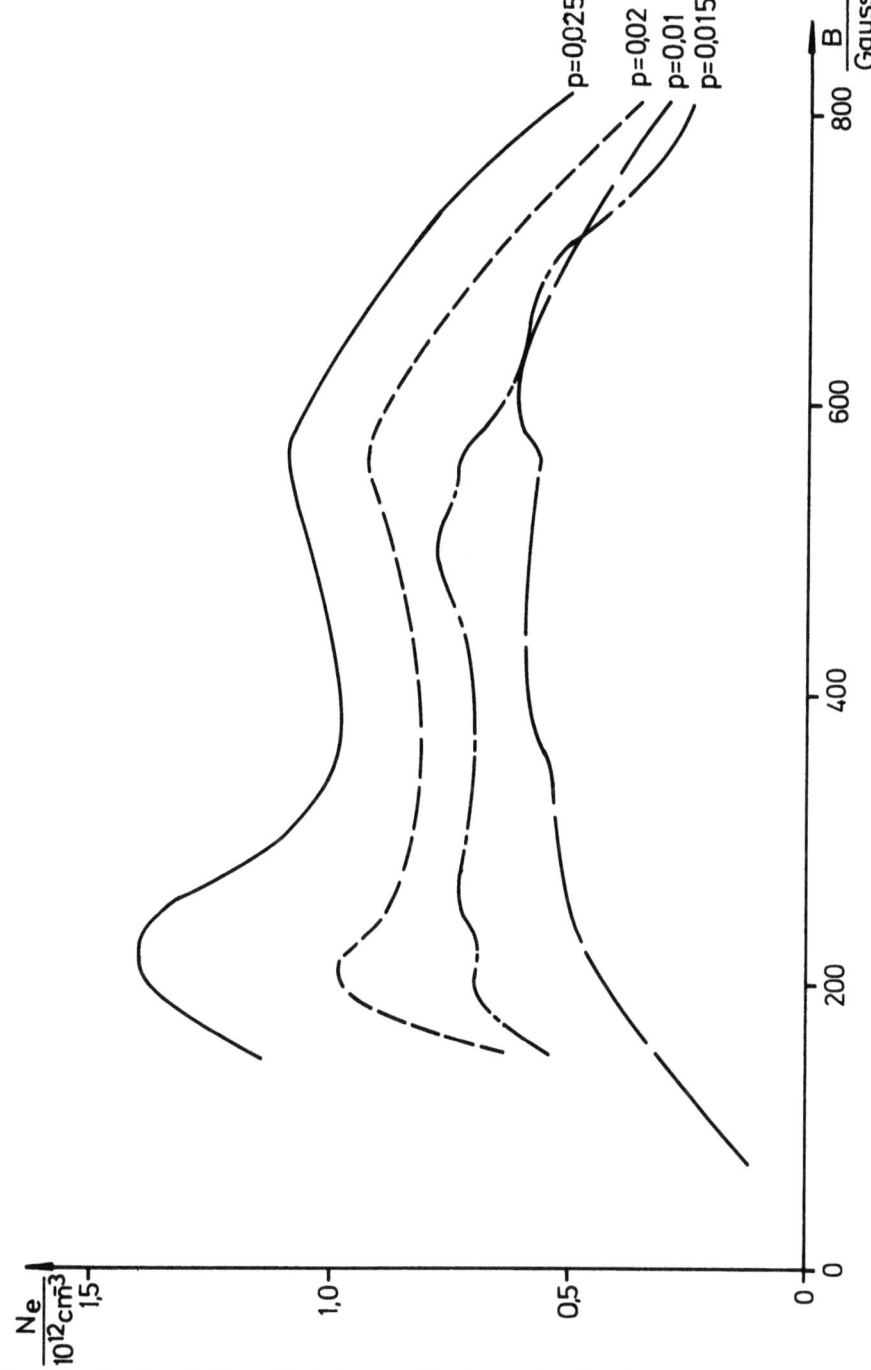

Abb. 8  Verlauf der Elektronendichte als Funktion des statischen Magnetfeldes für verschiedene Neutralgasdrücke

- 38 -

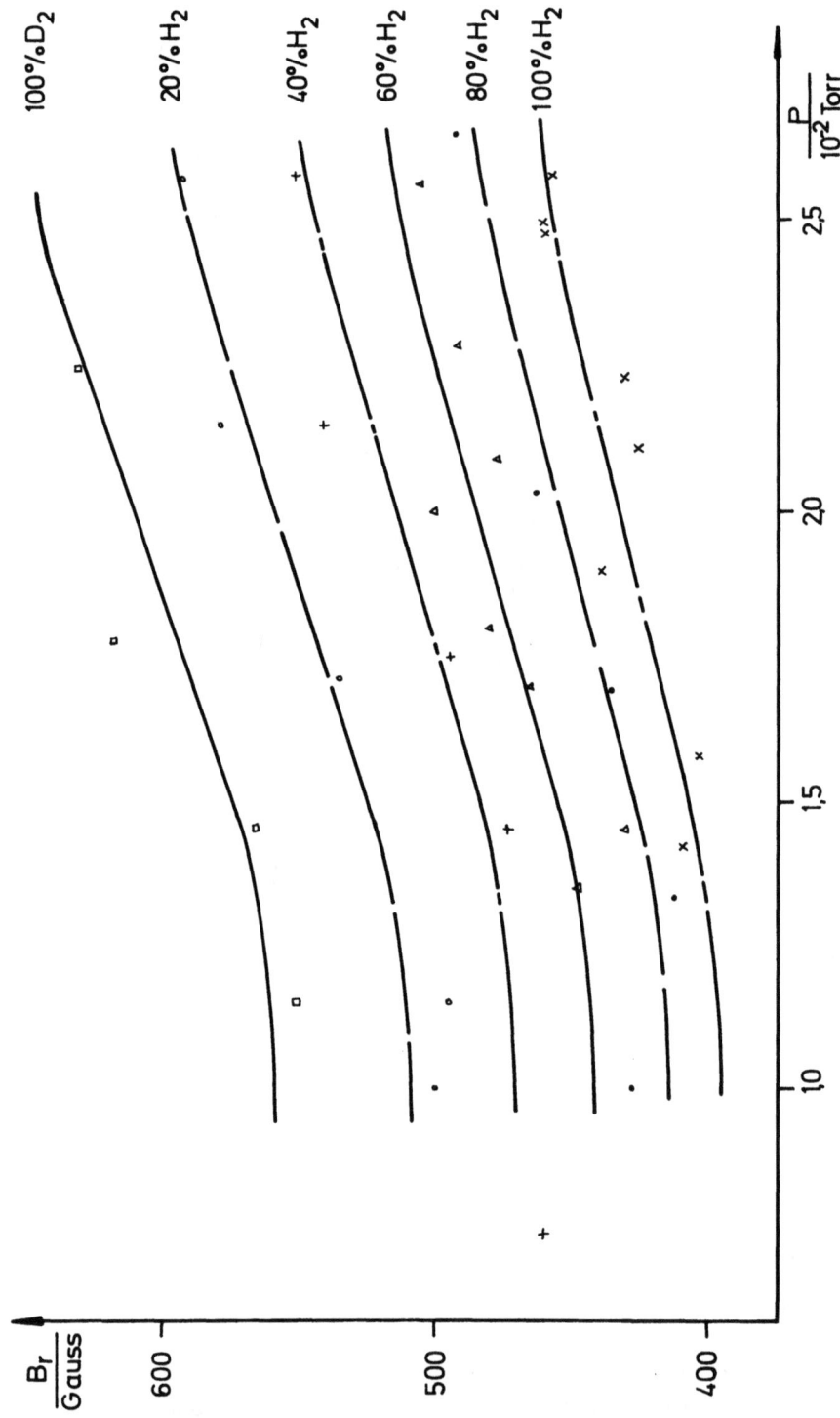

Abb. 9 Lage der Resonanzstelle in Abhängigkeit vom Neutralgasdruck für verschiedene Wasserstoff-Deuterium-Gemische

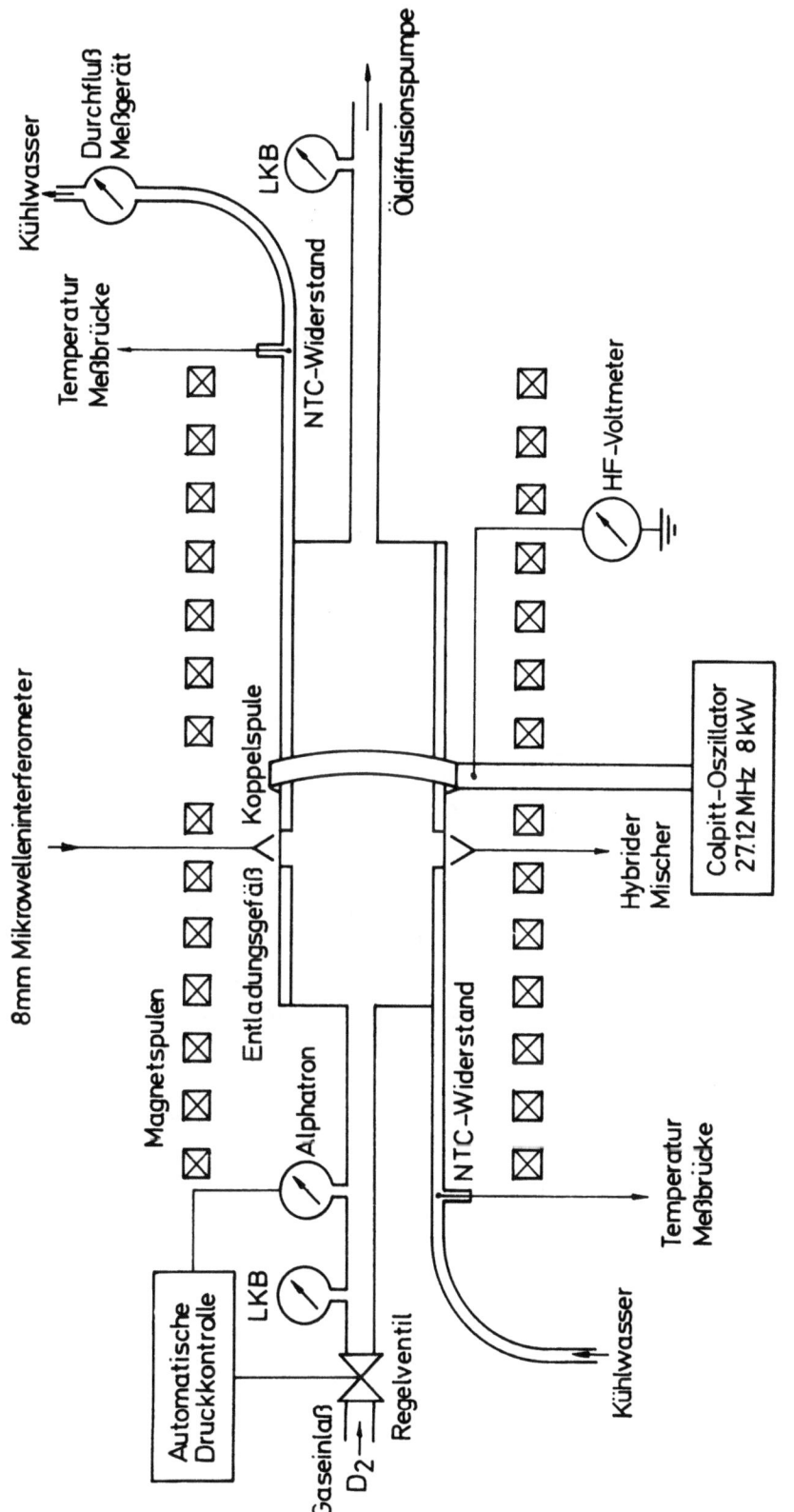

Abb. 10 Schematischer Aufbau der Apparatur für Messungen im homogenen Magnetfeld

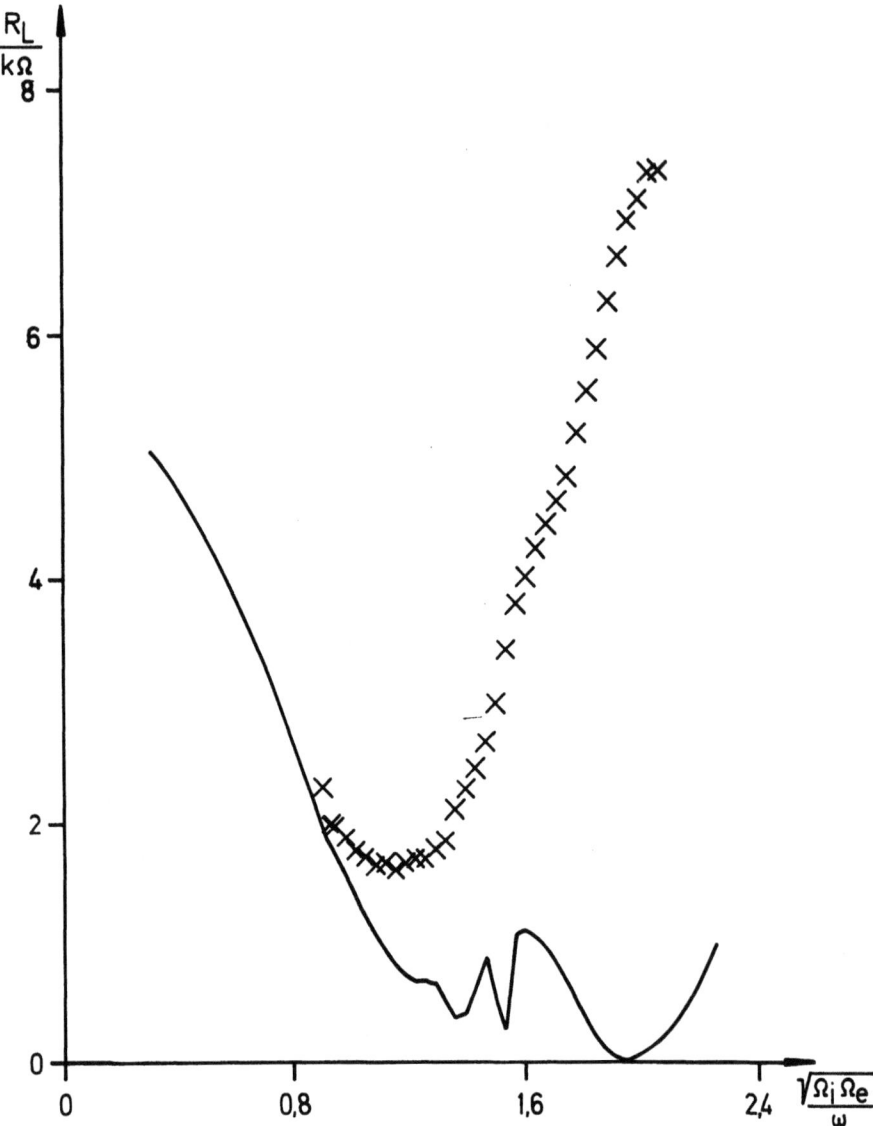

Abb. 11 Absolutwert des gemessenen Lastwiderstandes (x) im Vergleich zu dem Ergebnis der Theorie des unendlich ausgedehnten Plasmas (—) bei einer mittleren Elektronendichte von $1.3 \cdot 10^{12}$ $cm^{-3}$

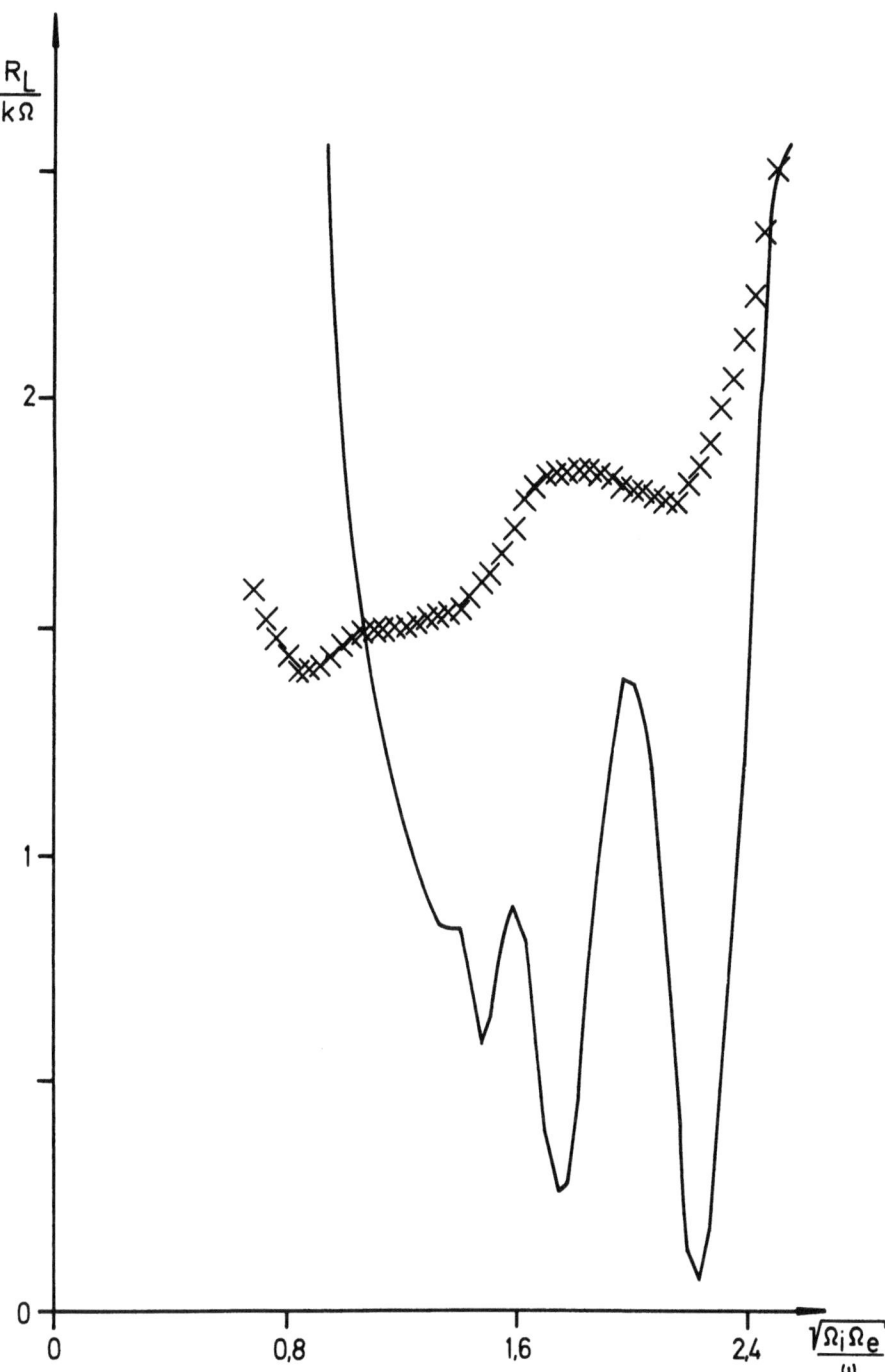

Abb. 12 Absolutwert des gemessenen Lastwiderstandes (X) im Vergleich zu dem Ergebnis der Theorie des unendlich ausgedehnten Plasmas (——) bei einer mittleren Elektronendichte von $4.8 \cdot 10^{12}$ $cm^{-3}$

# Forschungsberichte des Landes Nordrhein-Westfalen

Herausgegeben im Auftrage des Ministerpräsidenten Heinz Kühn
vom Minister für Wissenschaft und Forschung Johannes Rau

## Sachgruppenverzeichnis

**Acetylen · Schweißtechnik**
Acetylene · Welding gracitice
Acétylène · Technique du soudage
Acetileno · Técnica de la soldadura
Ацетилен и техника сварки

**Arbeitswissenschaft**
Labor science
Science du travail
Trabajo científico
Вопросы трудового процесса

**Bau · Steine · Erden**
Constructure · Construction material ·
Soilresearch
Construction · Matériaux de construction ·
Recherche souterraine
La construcción · Materiales de construcción ·
Reconocimiento del suelo
Строительство и строительные материалы.

**Bergbau**
Mining
Exploitation des mines
Minería
Горное дело

**Biologie**
Biology
Biologie
Biologia
Биология

**Chemie**
Chemistry
Chimie
Quimica
Химия

**Druck · Farbe · Papier · Photographie**
Printing · Color · Paper · Photography
Imprimerie · Couleur · Papier · Photographie
Artes gráficas · Color · Papel · Fotografía
Типография · Краски · Бумага · Фотография

**Eisenverarbeitende Industrie**
Metal working industry
Industrie du fer
Industria del hierro
Металлообрабатывающая промышленность

**Elektrotechnik · Optik**
Electrotechnology · Optics
Electrotechnique · Optique
Electrotécnica · Optica
Электротехника и оптика

**Energiewirtschaft**
Power economy
Energie
Energía
Энергетическое хозяйство

**Fahrzeugbau · Gasmotoren**
Vehicle construction · Engines
Construction de véhicules · Moteurs
Construcción de vehículos · Motores
Производство транспортных средств

**Fertigung**
Fabrication
Fabrication
Fabricación
Производство

**Funktechnik · Astronomie**
Radio engineering · Astronomy
Radiotechnique · Astronomie
Radiotécnica · Astronomía
Радиотехника и астрономия

## Gaswirtschaft
Gas economy
Gaz
Gas
Газовое хозяйство

## Holzbearbeitung
Wood working
Travail du bois
Trabajo de la madera
Деревообработка

## Hüttenwesen · Werkstoffkunde
Metallurgy · Materials research
Métallurgie · Matériaux
Metalurgia · Materiales
Металлургия и материаловедение

## Kunststoffe
Plastics
Plastiques
Plásticos
Пластмассы

## Luftfahrt · Flugwissenschaft
Aeronautics · Aviation
Aéronautique · Aviation
Aeronáutica · Aviación
Авиация

## Luftreinhaltung
Air-cleaning
Purification de l'air
Purificación del aire
Очищение воздуха

## Maschinenbau
Machinery
Construction mécanique
Construcción de máquinas
Машиностроительство

## Mathematik
Mathematics
Mathématiques
Matemáticas
Математика

## Medizin · Pharmakologie
Medicine · Pharmacology
Médecine · Pharmacologie
Medicina · Farmacología
Медицина и фармакология

## NE-Metalle
Non-ferrous metal
Metal non ferreux
Metal no ferroso
Цветные металлы

## Physik
Physics
Physique
Física
Физика

## Rationalisierung
Rationalizing
Rationalisation
Racionalización
Рационализация

## Schall · Ultraschall
Sound · Ultrasonics
Son · Ultra-son
Sonido · Ultrasónico
Звук и ультразвук

## Schiffahrt
Navigation
Navigation
Navegación
Судоходство

## Textilforschung
Textile research
Textiles
Textil
Вопросы текстильной промышленности

## Turbinen
Turbines
Turbines
Turbinas
Турбины

## Verkehr
Traffic
Trafic
Tráfico
Транспорт

## Wirtschaftswissenschaften
Political economy
Economie politique
Ciencias económicas
Экономические науки

Einzelverzeichnis der Sachgruppen bitte anfordern

Springer Fachmedien Wiesbaden GmbH

MIX
Papier aus verantwortungsvollen Quellen
Paper from responsible sources
FSC® C105338

If you have any concerns about our products,
you can contact us on
**ProductSafety@springernature.com**

In case Publisher is established outside the EU,
the EU authorized representative is:
**Springer Nature Customer Service Center GmbH
Europaplatz 3, 69115 Heidelberg, Germany**

Printed by Libri Plureos GmbH
in Hamburg, Germany